高等职业教育服装专业信息化教学新形态教材
丛书顾问：倪阳生 张庆辉

华服文化

王栋 编著

北京理工大学出版社
BEIJING INSTITUTE OF TECHNOLOGY PRESS

内 容 提 要

本书是一本按照分门别类教学方法编写的涵盖中国历代传统服饰发展与演变的教学用书,具有较强的鉴赏性、针对性和实用性。全书主要内容包括探寻华服、中国文化与华服、古代华服、近代华服、少数民族华服、当代华服,旨在从中厘清中华民族服饰最重要、最稳定的基本类型与款式。全书结合历史发展,详细阐述了中国服饰演变背后的文化思想内涵,以及中西结合创新与传承中华民族服饰的愿景。

本书可作为高等院校服装类专业的教材,也可供服装爱好者及相关从业人员参考使用。

版权专有 侵权必究

图书在版编目(CIP)数据

华服文化 / 王栋编著.--北京:北京理工大学出版社,2021.4(2021.7重印)
ISBN 978-7-5682-9798-1

Ⅰ.①华… Ⅱ.①王… Ⅲ.①服饰文化-中国 Ⅳ.①TS941.12

中国版本图书馆CIP数据核字(2021)第079962号

出版发行 / 北京理工大学出版社有限责任公司
社　　址 / 北京市海淀区中关村南大街5号
邮　　编 / 100081
电　　话 / (010)68914775(总编室)
　　　　　 (010)82562903(教材售后服务热线)
　　　　　 (010)68944723(其他图书服务热线)
网　　址 / http://www.bitpress.com.cn
经　　销 / 全国各地新华书店
印　　刷 / 河北鑫彩博图印刷有限公司
开　　本 / 787毫米×1092毫米 1/16
印　　张 / 11　　　　　　　　　　　　　　　　　责任编辑 / 李　薇
字　　数 / 253千字　　　　　　　　　　　　　　文案编辑 / 李　薇
版　　次 / 2021年4月第1版 2021年7月第2次印刷　责任校对 / 周瑞红
定　　价 / 45.00元　　　　　　　　　　　　　　责任印制 / 边心超

图书出现印装质量问题,请拨打售后服务热线,本社负责调换

高等职业教育服装专业信息化教学新形态教材

编审委员会

丛书顾问

倪阳生	中国纺织服装教育学会会长、全国纺织服装职业教育教学指导委员会主任
张庆辉	中国服装设计师协会主席

丛书主编

刘瑞璞	北京服装学院教授，硕士生导师，享受国务院特殊津贴专家
张晓黎	四川师范大学服装服饰文化研究所负责人、服装与设计艺术学院名誉院长

丛书主审

钱晓农	大连工业大学服装学院教授、硕士生导师，中国服装设计师协会学术委员会主任委员，中国十佳服装设计师评委

专家成员（按姓氏笔画排序）

马丽群	王大勇	王鸿霖	邓鹏举	叶淑芳
白嘉良	曲侠	乔燕	刘红	孙世光
李敏	李程	杨晓旗	闵悦	张辉
张一华	侯东昱	祖秀霞	常元	常利群
韩璐	薛飞燕			

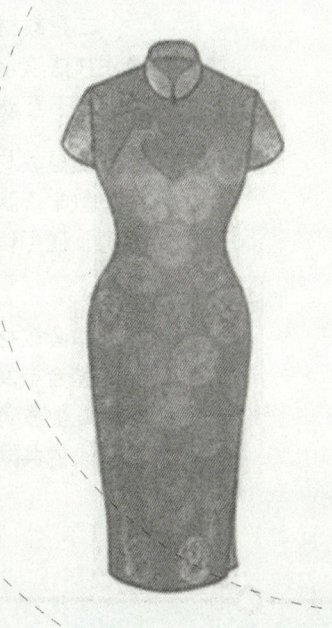

总序 PREFACE

服装行业作为我国传统支柱产业之一，在国民经济中占有非常重要的地位。近年来，随着国民收入的不断增加，服装消费已经从单一的遮体避寒的温饱型物质消费转向以时尚、文化、品牌、形象等需求为主导的精神消费。与此同时，人们的服装品牌意识逐渐增强，服装销售渠道由线下到线上再到全渠道的竞争日益加剧。未来的服装设计、生产也将走向智能化、数字化。在服装购买方式方面，"虚拟衣柜""虚拟试衣间"和"梦境全息展示柜"等3D服装体验技术的出现，更是预示着以"DIY体验"为主导的服装销售潮流即将来临。

要想在未来的服装行业中谋求更好的发展，不管是服装设计还是服装生产领域都需要大量的专业技术型人才。促进我国服装设计职业教育的产教融合，为维持服装行业的可持续发展提供充足的技术型人才资源，是教育工作者们义不容辞的责任。为此，我们根据《国家职业教育改革实施方案》中提出的"促进产教融合 校企'双元'育人"等文件精神，联合服装领域的相关专家、学者及优秀的一线教师，策划出版了这套高等职业教育服装专业信息化教学新形态教材。本套教材主要凸显三大特色：

一是教材编写方面。由学校和企业相关人员共同参与编写，严格遵循理论以"必需、够用为度"的原则，构建以任务为驱动、以案例为主线、以理论为辅助的教材编写模式。通过任务实施或案例应用来提炼知识点，让基础理论知识穿插到实际案例当中，克服传统教学纯理论灌输方式的弊端，强化技术应用及职业素质培养，激发学生的学习积极性。

二是教材形态方面。除传统的纸质教学内容外，还匹配了案例导入、知识点讲解、操作技法演示、拓展阅读等丰富的二维码资源，用手机扫码即可观看，实现随时随地、线上线下互动学习，极大满足信息化时代学生利用零碎时间学习、分享、互动的需求。

三是教材资源匹配方面。为更好地满足课程教学需要，本套教材匹配了"智荟课程"教学资源平台，提供教学大纲、电子教案、课程设计、教学案例、微课等课程教学资源，还可借助平台组织课堂讨论、课堂测试等，有助于教师实现对教学过程的全方位把控。

本套教材力争在职业教育教材内容的选取与组织、教学方式的变革与创新、教学资源的整合与发展方面，做出有意义的探索和实践。希望本套教材的出版，能为当今服装设计职业教育的发展提供借鉴和思路。我们坚信，在国家各项方针政策的引领下，在各界同人的共同努力下，我国服装设计教育必将迎来一个全新的蓬勃发展时期！

高等职业教育服装专业信息化教学新形态教材编委会

前言

　　本书是针对服装专业学生编写的中国传统服饰文化鉴赏教材，主要内容包括探寻华服、中国文化与华服、古代华服、近代华服、少数民族华服、当代华服。探寻华服讲述了中国古代华服的礼仪规范、服饰等级、艺术内涵、融合发展与国际交流，展现了中国华服五千年的时尚理念与深厚内涵；中国文化与华服讲述了儒、道、释三家的服饰观念、着装样式以及对中华民族精神品格与心理结构的影响；古代华服讲述了古代冕服、深衣、襦裙、袄裙、褙子、首服、补服的设计寓意、结构特点、制作法则与演变发展；近代华服讲述了民国时期服饰的时尚变迁、中西融贯和审美情趣；少数民族华服讲述了部分少数民族服饰的特色和独特韵味；当代华服讲述了传承应用中国特色传统色彩、传统图案、传统工艺、传统款式的理念方式。

　　中国传统服饰凝聚了无数先辈的智慧，是中华民族的宝贵遗产。在浩如烟海的服装著作中，关于服装文化的研究，较多呈现的是以专题史为主的研究专著。本书则希望打破这种以历史演变顺序为基础的书写方式，从文化大概念的角度出发，分门别类地研究中国服饰，详细阐述最具代表性服装的中国特点，以及中国服饰演变背后的文化思想。注重整体华服的了解、鉴赏、学习，以文化自觉的概念，诠释中国传统服饰文化的深厚内涵，力求让中国古老的服装，重新焕发奕奕光彩，能够成为当代服装设计师心中永恒的灵感源泉。

　　本书在编写过程中，查阅了大量公开或内部发行的技术资料和书刊，借用了其中的一些图片及内容，在此向原作者致以衷心的感谢。

　　由于编者水平有限，加之时间仓促，书中难免存在缺漏和错误之处，敬请广大读者和专家批评指正。

编　者

目 录

绪论 \\ 001

第一章　探寻华服 \\ 003
第一节　衣冠文明——华服的深厚内涵 \\ 003
第二节　褒衣博带——独特的服饰传统 \\ 008
第三节　字中有衣——文字中隐藏的秘密 \\ 015
第四节　衣画同源——留存历史的罗琦妙笔 \\ 019
第五节　华夷之合——民族服饰的大融合 \\ 026
第六节　互通共建——丝绸之路的来生今世 \\ 034

第二章　中国文化与华服 \\ 038
第一节　华服儒心——儒家文化与华服 \\ 038
第二节　道法自然——道服 \\ 044
第三节　人生是苦——僧衣 \\ 054

第三章　古代华服 \\ 061
第一节　玄衣纁裳——冕服 \\ 062
第二节　被体深邃——深衣 \\ 071
第三节　长裙雅步——襦裙 \\ 085
第四节　月蓝素色——袄裙 \\ 093
第五节　好古存旧——褙子 \\ 099
第六节　巾幞笠帽——首服 \\ 105
第七节　衣冠禽兽——补服 \\ 113

第四章　近代华服 \\ 119
第一节　国民礼服——长衫马褂 \\ 120
第二节　旗开得胜——旗袍 \\ 124
第三节　融贯中西——中山装 \\ 131

第五章　少数民族华服 \\ 136
第一节　五色衣裳——苗族百褶裙 \\ 136
第二节　风花雪月——白族金花头饰 \\ 139
第三节　载歌载舞——蒙古族长袍 \\ 142
第四节　披星戴月——纳西族披肩 \\ 145
第五节　望谟之格——布依族土布 \\ 148
第六节　若木若水——彝族图腾与服饰 \\ 150
第七节　光辉若云——黎族黎锦 \\ 153

第六章　当代华服 \\ 156
第一节　和而不同——吉祥图案与时尚的融合 \\ 157
第二节　以文载质——传统面料的再开发与流行 \\ 159
第三节　贯通古今——古代色彩在现代服装中的借鉴与应用 \\ 162
第四节　人机合———人工智能技术下未来服装的发展 \\ 165

参考文献 \\ 168

绪论

在中国古老的神话中，盘古开天与女娲造人，是史无前例的创造之举，盘古开辟出了蓬勃的大千世界，而女娲创造了人并构建了人类社会。于是乎，在这个天地间，混沌初开，洪荒遍野，人类开始了遮盖与炫耀的历史，没有开始，没有尽头。

茹毛饮血的时代，人类和动物应该是毫无区别的，披着羽毛和兽皮，吃着野菜和鸟兽之肉。《礼记·礼运篇》这样记载："未有火化，食草木之实，鸟兽之肉，饮其血，茹其毛，未有丝麻，衣其羽皮。"然而，智慧的人类不满足于仅将兽皮与树叶披在身上，他们还要穿在身上。

斗转星移，几十万年过去了，人类发明了饲蚕，拥有了骨针与丝麻、纺锤与纺轮，推动了缝纫和纺织技术的成熟应用，使得这个世界大变样，人类终于可以穿上衣裳。衣裳不仅象征人与动物的区别，还展示了人的智慧与形象，它既是为了生存而创造的物质，又是社会性活动的重要精神表现。古老的中国，从此开始了漫漫五千年的文明之旅。

用服装来治理天下，是黄帝为中华文明做出的最大贡献。《周易·系辞下》提道："黄帝、尧、舜，垂衣裳而天下治，盖取诸《乾》《坤》。"这段话记录了黄帝主持的衣冠文明，以"垂衣裳"确定衣服之形制，示天下以礼，象征天下太平、和谐而安康。以衣在上者象天，以裳在下者象地，故衣裳制作取象乾坤，以遵守与维护社会秩序。人类从"垂衣裳"开始，开始认识自然与宇宙，进入阶级的分化，拥有了最早的哲学思考与社会制度，并以此走进人类文明的全新境界，中华文明就是以这样的美好而开始，以无比灿烂辉煌又井然有序的衣冠文明，屹立在世界的东方。

儒家创始人孔子把服饰的审美意念和象征意念与儒家的政治伦理观念合为一体，充分展现并推广了周代礼治精神和冠服制度，最终形成了以维护政治秩序为核心的服饰体系。服饰是一种身份地位的象征，一种符号，它代表个人的政治地位和社会地位，使人人恪守本分，不得僭越。自此，中国国君的为政之道，服饰规范成为很重要的一项，只要服饰制度得以完成，政治秩序也就完成了一部分。所以，在中国传统里，服饰是政治的一部分，其重要性远超出在现代社会的地位。在中国历史上，重新建立一个王朝，都会在正史

课件：绪论

上面明确记载这个朝代的整个服饰体系与制度，这些记录保存在《舆服志》《车服志》里。

光阴荏苒，中国服饰融合沉淀并逐渐演化，延伸出几百种款式，让人叹为观止。冕服作为中国服饰的代表，陆续沿用了几千年，没有一件服装，可以比龙袍冕服更加恒远长久。从轩辕氏开始，近五百位皇帝穿过冕服，穿上这样服饰的帝王，盖取乾坤，接管天地，成为君临天下的真龙天子。深衣是中国历史上用途最广，流行时间最长的服饰形制，深衣表现出更多的优雅，从天子至庶人皆可服之，天人合一、包容万物的深衣，蕴藏着延绵不尽的内涵，是中国各民族的基本服饰款式，最能体现中华文明的博大精深。襦裙是古代仕女的典型服饰，属"上衣下裳"衣制，上衣短，下裙长，上下比例体现了黄金分割的要求，具有丰富的美学内涵。短襦和披肩相配成一体，尽显女子雍容华贵的丰腴风韵，"罗衣何飘摇，轻裾随风还"。表现出极富诗意的美与韵律。另外。中国的服饰虽以汉族为核心，但也是容纳了多民族服饰的综合体，由于历史的变迁，还有域外异质服饰的融入，整体呈现多元化的趋势。

时代不断变迁，一款款的衣裳，一幅幅的图腾，一件件的衮冕，曾经那么真实地存在过。然而，中国古老的衣冠文明，现在离我们似乎很遥远了。近代战争与全球化进程影响了中国文明的发展传承，无数的传统文化出现了断裂，中国的服饰也未能幸免。延续了数千年的中国服饰渐渐在人们记忆中淡化、消失，一切都随着时光流逝，难道这一切真的终将成为虚无的历史吗？

古人的翩若惊鸿之姿，流风回雪之态，仿佛还徘徊在眼前，而如今大多数人却认为宽袍大袖，尽显华美的古代服装不适应时代的发展，不适应现代人的生活节奏。这其实是错了，中国服装不是一种简单的服饰，它所承载的是具有五千年文明的灿烂文化和精神气质。中国传统服装，展现的不仅是美，还有其背后深厚的民族文化底蕴与精神内涵。因此，我们要去更多地了解、学习优秀传统文化，如此才能不至于对服装、对传统的理解流于表面。只有如此，我们才会理解礼仪之邦、衣冠上国到底具有何种内涵。我们才会不至于产生民族、历史虚无主义，才能真正从心底树立起文化自信。

中国传统服饰凝聚了无数先辈的智慧，是中华民族的宝贵遗产。在浩如烟海的服装著作中，关于服装文化的研究，较多呈现的是以专题史这一类的研究专著，从历史发展的前后顺序，描述各个历史时期服饰文化的发展演变，其中涉及服饰门类、穿着方式、服饰制度、服饰纹样、服饰材料等诸多内容。本书则希望打破这个以历史演变为基础的书写方式，从文化大概念的角度出发，分门别类来研究中国服饰，凡是中华五千年的衣冠，包括汉服、唐装、深衣、旗袍、中山装、少数民族服装等，只要具有中华民族服饰特征的，统一称之为华服。从中凝聚提炼出中国服装的最重要、最稳定的基本款式，厘清款式的历史演变与发展变化，详细阐述最具代表性服装的中国特点，以点带面，并且在叙述的过程中，尽力描述清楚中国服饰演变背后的文化思想。注重整体华服的了解、鉴赏、学习，尝试从古代华服、近代华服、少数民族华服、当代华服的不同角度，以文化自觉的概念，诠释中国传统服饰文化的深厚内涵，力求让中国古老的服装，重新焕发奕奕光彩，能够成为当代服装设计师心中永恒的灵感源泉。

寻找中华民族的传统文化和民族精神，寻找中华民族失落的衣冠文明，对于弘扬中国优秀的服饰文化传统，发展具有中国特色社会主义服饰文化，具有十分重要的意义。我们确信，中华民族源远流长的文明，从一开始就注定以古老衣冠文明的辉煌昭示天下，与世长存。

庚子年冬至日东阁心璿记于永锡堂

第一章
探寻华服

自新文化运动以来,"向西方学习"成为一种新的价值观念,并深入到国人的脑海之中。在这个过程中,我们对西式服装的接受是那样的任性与热衷,但同时也渐渐丢弃了我们自己的传统服饰文化。

当我们进入中国特色社会主义新时代时,我国在经济建设上取得了显著成就,但与之相匹配的中华传统文化建设却相对滞后。习近平总书记在十九大报告中提出,要继承与发扬中华优秀传统文化,这为新时代中华传统服饰文化建设和发展指明了方向。

寻找中华民族失落的衣冠文明,找回中华民族曾有的尊严与自豪,感受华服五千年的时尚理念与深厚内涵。让华服展示全新的中国形象;让华服成为文化自信与文化自觉;让华服成为世界服装品牌。走上华服的寻根之旅,我们责无旁贷!

课件:探寻华服

第一节 衣冠文明——华服的深厚内涵

学习导入

中国自古以来被称为"礼仪之邦,衣冠上国",古老的中华民族创造了灿烂的文化,形成了高尚的道德准则、完整的礼仪规范和优秀的传统美德。"黄帝、尧、舜垂衣裳而天下治",衣冠文明作为中国传统文化的一个重要组成部分,对中国社会历史发展起了广泛而深远的影响,其内容十分丰富,所涉及的范围几乎渗透在古代社会的各个方面。

一、"华"字的释义探寻

由于年代遥远,对于"华"字的本义来源,我们所知有限,只能借助古代典籍与现代考证加以猜测与探讨,以窥其大概。"华"字在现代汉语中一般用来表示"华丽""中华民族"等意思,这些都是"华"字的引申义,它的本义应该是"花儿"的花,东汉许慎在《说文解字》中提道:"华,荣也。"其基本意思是指美丽而有光彩。古代中原民族自称"华夏",意即"荣夏",是"光荣的中国之人"的意思。"华"字的书写演变如图 1-1-1 所示。

图 1-1-1 "华"字的书写演变

在古代的文献中,可以找到对"华"字的解释,华夏族的服饰很美,故称之为"华"。显然,早期"华"字与服装之间有着不可分割的紧密联系。但实际上,"华"字被解释为"族称"的历史比之前者更为久远。

大约在 5 000 年前,当中华民族形成时,其族称为"华"。现代历史学家认为五帝时代舜的名字称为"重华","重"是远古少昊氏部落中的一个氏族名称。这个氏族在帝颛顼高阳氏时代担任过部落联盟世袭公职"句芒",负责管理森林树木。"重"即舜所在氏族名称,"华"就是舜的名字。五帝时代,舜所在部落被称为"有虞氏"。在中国的上古时期,有"以官为氏"的习俗,即以其在部落联盟中所担任的公职名称为部落名称,故称其部落为"虞"或"有虞氏"。先秦文献曾有记载,有虞氏是中国历史上先于夏朝的第一个朝代,虽然这个朝代还带有若干部落联盟的痕迹。中国最古老的史书《尚书》,即以《虞书》为开篇。按照氏族部落传统,氏族首领的名称即全体氏族成员及其后裔共有的名称。在舜建立国家政权后,人们沿袭古老的习俗,以舜的名字称呼有虞氏朝族裔及有虞氏朝治理下的人民为"华"。

在漫长的历史发展中,汉朝以后,各民族逐渐形成了以汉族为主体的大杂居、小聚居的局面,开始出现"中华"的族称。"中华"一词作为一个超越当时汉族、兼容当时内迁边疆各族的概念被响亮提出,能否居中华正统,在当时成为一个政权是否能在社会舆论面前取得合法存在资格的潜在标准。因此,内迁各族所建政权均从血统、地缘及文化制度方面找到自己是圣人后代、理当居中华正统的根据。图 1-1-2 中从左到右依次为尧、舜、禹的画像。

唐代正式出现"中华"一词,是在唐朝永徽四年(公元 653 年),其重要的法典《律疏》中将"中华"一词释文如下:"中华者,中国也。亲被王教,自属中国。衣冠威仪,习俗孝悌,居身礼仪,故谓之中华。"意思是说,凡行政区划及文化制度自属于中国的,都称为中华。

（a） （b） （c）

图 1-1-2　尧、舜、禹画像（清人绘）

至 19 世纪末，作为近代民族学术语的"民族"概念传入中国后，"中华民族"这个民族学词汇也应运而生。如近代学者梁启超所言："凡遇一他族而立刻有'我中国人也'之一观念浮现于脑际者，此人即中华民族一员也。"但中华民族实体则是远在"中华民族"这个族称出现以前数千年就形成了。

综上所述，可以认为"华"字主要包含了服饰之美与民族称谓，两者之间显然有不可分割的紧密联系。我们的先人以服饰华彩之美为华，以疆界广阔与文化繁荣、文明道德兴盛为夏，并以华族或夏族为中心民族，不断同化其他民族，在漫长的社会历史发展过程中逐步形成现在的中华民族。

二、华服的基本概念

如何定义这一代表华夏几千年文明的服饰是一个需要以更博大和开放的胸怀，一个更高远和传承的眼光去对待的问题。因此，从包容和继承的角度来看，数千年来，尽管中华民族的内部结构在不断变化，但不管其内部怎样变化，中华民族本身始终是一个数千年以来包容中国各族共同发展的恒久的主体。如果需要选出一个词语来推广中华民族的服装，还是以"华服"最为准确。其中，"华服"之"华"字的内涵能够较全面地反映服装与民族的紧密联系。

以"华服"作为中华民族服装的统一称谓，最有代表性和概括性，符合当下的文化语境。华服是中华民族所着的、具有浓郁中华民族风格的一系列中华民族服饰的总体集合。因为我们现在是五十六个民族合在一起的中华民族，是一同浇灌传统文化的炎黄子孙，是不论地域、不论身份、不论国籍的黄皮肤黑眼睛的华人。

恢复民族服饰，任重道远，需要所有炎黄子孙的共同努力。然而，在宣传的时候，要注意采取严谨的态度和认真的精神。因为华服的特点是几千年的文化积淀和历史延续形成的，是中华民族的文化精髓和历史结晶。推广华服，可以在继承的基础上予以适当改变，吸收流行元素。

三、礼仪之邦，衣冠上国

礼仪是中国传统文化中绕不开的篇章。公元前1100年，周公"制礼为乐"，制度明确地对贵族和平民的服饰作出规定。"礼"是一种寓教于"美"的文明教化方式。中华民族每每遇到重大节日和发生重要事件时，多有约定俗成的礼仪。如获得丰收，要欢歌庆贺；遭到灾祸，要祈求神灵保佑。久而久之，就形成许多节庆及礼仪形式，如春节、元宵、端午、中秋、重阳等，几乎每个节日，都有特定的服饰礼仪要求。衣冠便成为中华民族难以释怀的情结，衣冠仪礼渐渐升华成为一个文明的象征。

中国的衣冠服饰始于黄帝（图1-1-3），备于尧舜。5 000多年前的仰韶文化时期，人们就开始用织成的麻布来做衣服，黄帝的妻子嫘（léi）祖发明了饲蚕和丝纺，人们的衣冠服饰日臻完备。

(a)   (b)

图1-1-3　黄帝画像

自此，中国历代都有《舆服制》《车服志》等规章来规范社会不同人群的衣着，"知礼仪、别尊卑、正名分"，等级管理制度注重突出社会价值。在《周礼》的礼典中，提到五礼八纲，五礼包括：吉礼、凶礼、宾礼、军礼、嘉礼；八纲包括：冠礼、婚礼、丧礼、祭礼、乡礼、射礼、朝礼、聘礼。

冠笄之礼就是中华礼仪的起点（图1-1-4）。故曰："冠者，礼之始也。"仪式之前，孩童无须束发，经过庄严肃穆的整套礼仪之后，孩童束发加冠，着华夏礼服，行止仪节皆要遵从中华文化规范，中华民族对于新的成员给予了庄重的文化接纳。故此，作为衣冠上体现国家礼仪之邦的中华民族，选择了将"衣"与"冠""礼"与"仪"作为我们民族的成人仪式。

(a)　　　　　　　　　　(b)　　　　(c)

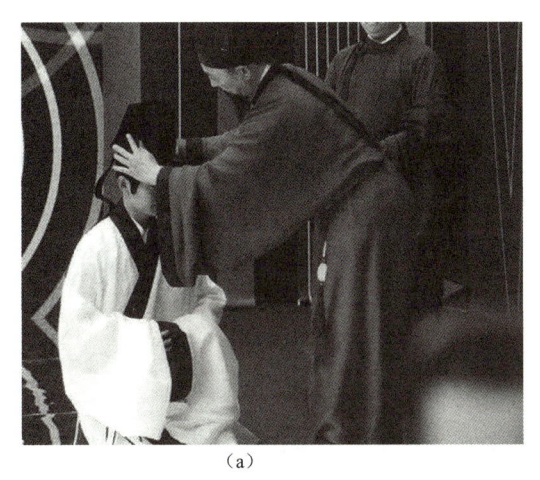

图 1-1-4　冠笄之礼

《周礼》记录着完整系统的衣冠礼制，深深影响了后来三千多年的服装理念，成为日后历代礼制衣冠的蓝本。从周、秦、汉、魏到隋、唐、宋、明，每朝每代都会受"改正朔、易服色"的衣冠服制影响，服饰是国家礼制的重要组成部分，通过服装穿戴进行社会管理，维护等级秩序是衣冠之治的内容。

历代帝王问鼎天下后的第一件事便是关注服装的改革，服装的地位被抬高到无以复加的高度，古代帝王的衣着要处处表现信奉的伦理教化，官员们用冠服表达职业理念和道德崇尚，衣衫在质料、色彩、款式、花纹等方面赋以天道、伦理、身份地位、品行情操等诸多含义。

礼仪文化孕育了服饰，同时服饰也投射出了礼仪，服饰是人类物质世界与精神世界的聚合体，体现着文化的特征。礼仪在文化中起着重要作用，对华服更是影响深远。华夏礼仪服饰在数千年的历史长河中保持着惊人的传承性，并传播至周边的民族，构筑起了东亚的华夏文明圈。"礼仪之邦，衣冠上国"便成为古代中国的代名词。

课后拓展

讨论

我们应该如何继承与发扬传统华服？

思考题

1. "华"字应如何释义。
2. 如何定义华服的基本概念？
3. 在《周礼》中，礼服的作用和形成原因是什么？
4. 为什么中国被称为"礼仪之邦，衣冠上国"？

第二节　褒衣博带——独特的服饰传统

学习导入

如果将中华民族服饰同世界上其他民族服饰相比较，就会发现在许多方面都会呈现出明显的不同。中国服饰在长期的发展中，形成了一个系统的、完整的服饰制度，是具有自己的文化内涵特征的服饰体系。中国的服饰几千年来的总体风格是以清淡平易为主，中国古代服饰主要特点是宽袍大袖，褒衣博带，形制虽然简单，但一穿到人身上便各人各样，神采殊异，可塑性很强。

一、华服独特的形制风格

华服的主要特点是交领、右衽，不用扣子，而用绳带系结，给人洒脱飘逸的印象。这些特点都明显有别于其他民族的服饰。华服注重内在的本质精神，至于人体的形是否完美匀称并不重要。因此，从当时的审美观出发，用宽大的袍衫将人体遮蔽起来，不予表现。同时，为了追求高于形的精神，还用夸张大袖、宽襟、衣带披帛来造成飘逸的感觉。这种否定和超越形体的存在，可以让人进入理想的精神世界，如图 1-2-1、图 1-2-2 所示。

（a）　　　　　　　　　　（b）

图 1-2-1　商周贵族服饰

(a)   (b)

图 1-2-2　战国时期服饰

华服有礼服和常服之分。从形制上看，服装款式主要有"上衣下裳"制（裳在古代指下裙）（图 1-2-3）、"深衣"制（把上衣下裳缝连起来）（图 1-2-4）、"襦裙"制（襦，即短衣）（图 1-2-5）等类型。其中，上衣下裳的冕服为帝王百官最隆重正式的礼服；袍服（深衣）为百官及士人的常服，襦裙则为妇女喜爱的穿着。普通劳动人民一般上身着短衣，下穿长裤。

图 1-2-3　上衣下裳 　　　　图 1-2-4　深衣 　　　　图 1-2-5　襦裙

1. 基本结构

华服采用幅宽二尺二寸（50 cm 左右）的布帛剪裁而成，且分为领、襟、衽（rèn）、衿、裾、袖、袂（mèi）、带、韨（fú）等部分。取两幅相等长度的布，分别对折，作为前襟后裾，缝合后背中缝。前襟无衽即为直领对襟衣。若再取一幅布，裁为两幅衽，缝在左右两襟上，则为斜领右衽衣。前襟后裾的中缝称为裻（dú），即督脉、任脉，衽在任脉右侧，故称为右衽。裾的长度分为腰中，膝上，足上。根据裾的长短，华服有三种长度，即襦、裋（shù）、深衣。袖子与襟裾的接缝称为袼（gē），袖口称为袪（qū）。一套完整的华服通常有三层，即小衣（内衣）、中衣、大衣。

2. 交领右衽

华服中左侧的衣襟与右侧的衣襟交叉于胸前的时候，就自然形成了领口的交叉，所以形象地叫作交领。交领的两直线相交于衣中线左右，代表传统文化的对称学，显出独特的中正气韵，代表做人要不偏不倚，如果说华服表现天人合一的话，交领即代表天圆地方中的地，地即人道，即方与正，如图1-2-6所示。

华服的领型最典型的是"交领右衽"，就是衣领直接与衣襟相连，衣襟在胸前相交叉，左侧的衣襟压住右侧的衣襟，在外观上表现为"y"字形，形成整体服装向右倾斜的效果。衽，本义为衣襟。左前襟掩向右腋系带，将右襟掩覆于内，称为右衽，反之称为左衽。这就是华服在历代变革款式上一直保持不变的"交领右衽"传统，它和中国历来的"以右为尊"的思想密不可分，这些特点都明显有别于其他民族的服饰。

另外一种作为"交领"补充的是"直领"和"盘领"。直领（图1-2-7）就是领子从胸前直接平行垂直下来，而不在胸前交叉，有的在胸部有系带，有的则直接敞开而没有系带。这种直领的衣服，一般穿在交领汉服外面，像罩衫、半臂、褙子等日常外衣款式中经常运用。盘领（图1-2-8）是男装中比较多见的一个款式，领型为盘子状的圆形，也是右衽的，右侧肩部有系带，在汉唐官服中采用，日常服饰中也有盘领款式。

图1-2-6 交领 　　　　图1-2-7 直领 　　　　图1-2-8 盘领

3. 褒衣广袖

华服自古礼服褒衣博带、常服短衣宽袖。与同时期西方的服装对比，华服在人性方面具有不可争辩的优异性。当西方人用胸甲和裙撑束缚女性身体发展时，宽大的汉服已经实现了放任身体随意舒展的特性。

华服的袖子又称为"袂（mèi）"，其造型在整个世界民族服装史中都是比较独特的。袖子，其实都是圆袂，代表天圆地方中的天圆。袖宽且长是华服中礼服袖型的一个显著特点，但是，并非所有的华服都是这样。华服的礼服一般是宽袖，显示出雍容大度、典雅、庄重、飘逸灵动的风采。一直以来，华服袖子的标准样式就是圆袂收袪（qū），先秦到汉朝所反映的实物无一例外都是如此。因此，除唐以后在常服中有敞口的小袖外，华服袖的主流依然是圆袂收袪。

"袖宽且长"是华服礼服袖型的主要特点，但不是唯一的款式特点，华服的小袖、短袖也比较多见。主要用法有：参与日常体力劳动的庶民服装、军士将领的戎服、取其紧袖保暖的冬季服装等。有时候历史上各朝代的经济文化和审美关注不同，在袖型上也有不同的表现，例如，汉唐时期贵族礼服多用宽广大袖，宋明时期的常服褙子多用小袖。

4. 系带隐扣

华服中的隐扣包括有扣和无扣两种情况。一般情况下，华服是不用扣子的，即使有用扣子的，也是把扣子隐藏起来，而不是显露在外面。华服通常就是用带子打个结来系住衣服。同时，在腰间还有大带和长带。所有的带子都是用制作衣服时的布料做成。一件衣服的带子有两对，左侧腋下的一根带子与右衣襟的带子是一对打结相系，右侧腋下的带子与左衣襟的带子是一对相系，将两对带子分别打结系住即完成穿衣过程，如图1-2-9所示。

（a） （b）

图 1-2-9 系带

二、华服的色彩、质料与款式

华服的色彩是对现实世界色彩的提取，不仅具有观赏效果，也具有一定的文化内涵，受五德始终说和阴阳五行说的影响，在不同方位、不同季节及不同场合，都会搭配不同的服饰颜色。这反映了古人对自然万物的敬畏，并上升到了"天人合一"的和谐境界。此外，一代流行色可上升到与国运兴亡有关，按照五行说，金木水火土，相生相克，一代胜一代。如夏尚黑、商尚白、周尚赤、秦尚黑等。

华服的质料主要有锦（图1-2-10）、绫（图1-2-11）、绸（图1-2-12）、罗（图1-2-13）、缎（图1-2-14）、帛（图1-2-15）、棉、麻、布等，并蕴含了纺织、蜡染、夹缬（xié）、锦绣等杰出工艺。

图 1-2-10 锦 　　图 1-2-11 绫 　　图 1-2-12 绸

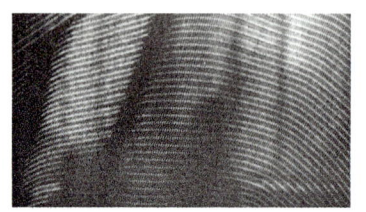

图 1-2-13　罗 　　　　　图 1-2-14　缎 　　　　　图 1-2-15　帛

　　华服的服装款式有曲裾、直裾、高腰襦裙、襦裙、圆领袍衫、褙子、朱子深衣、玄端等，如图 1-2-16 至图 1-2-22 所示。

　　曲裾：流行于秦汉时期，到两晋基本绝迹，到明朝已属于"古装"。

　　直裾：流行于秦汉时期，后来朱子深衣继承此款式。

　　高腰襦裙：隋唐女子流行时装，同期流行的贵族钗钿大礼衣，就是现在日本和服十二单的鼻祖，日本和服在唐朝基本定型。

　　襦裙：作为女子服装，其在各个朝代几乎都是基本款式。

　　圆领袍衫：自唐起，开始普遍穿着。宋明官服基本都是圆领的，并且明朝时期，韩国李氏王朝的朝服几乎就是照搬明朝，韩国的韩服就是在明朝最终定型的。

　　褙子：宋明时期的流行时装，宋朝的礼服为大袖褙子，常服多为小袖褙子，并且为直领，胸前没有任何纽襻，有生色领，明朝流行大袖直领对襟褙子，胸前用纽扣，称为子母扣。

　　朱子深衣：将传统的上衣下裳分开剪裁，但缝合成一个整体名为深衣。朱子深衣为男子的祭服与大礼服，是中国式燕尾服。

　　玄端：周天子常服，后世公卿大臣的祭服，到了明代则为王室成员最高礼服，唐代以后，在民间基本不使用。

图 1-2-16　曲裾 　　　　　　　　　　　图 1-2-17　直裾

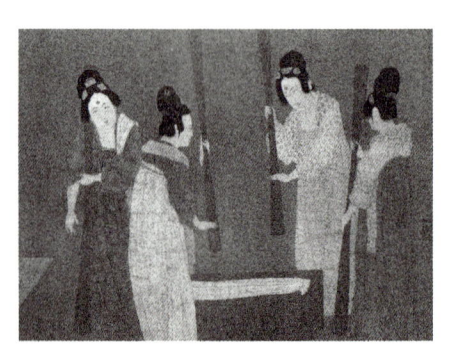

（a）　　　　　　　　　　　　　（b）

图 1-2-18　襦裙

图 1-2-19　圆领袍衫　　　　　　　图 1-2-20　褙子

图 1-2-21　朱子深衣　　　　　　　图 1-2-22　玄端

另外，头饰也是华服的重要组成部分。古代男女成年之后都会把头发绾成发髻盘在头上，以笄固定。男子常常戴冠、巾、帽等，形制多样。女子发髻也可梳成各种式样，并在发髻上佩戴珠花、步摇等饰物。鬓发两侧饰博鬓，也有戴帷（wéi）帽、盖头的。

三、华服服饰制度的特点

从记载来看，我国是人类最早对服装进行分类研究的国家，《五帝纪》："帝即位，居有熊，初制冕服。"记载了黄帝开始对服装进行革新。说明我国很早就已经对服饰规范化、系统化、制度化，而且非常完备。

在西周时期，基于文王、武王的丰功伟绩，使得国家凝聚在以周室为核心的统治下，文化基本统一，服饰制度按部就班。当时服饰的主要特征是"交领右衽"和"深衣"。"交领右衽"是从三皇五帝时期开始就有的习俗和制度，是古代服装最初始、最基本、最核心的特征，是凝聚生活习惯和文化内涵的人文体现，是区别于中原区域以外少数民族的最明显的服装特征。"束发右衽"是华人的明显标志，而"披发左衽"则是少数民族的标志。

秦朝统一中国后，全国统一律令制度，其中就有服饰制度，但秦朝很短暂，服饰制度并没有得到很好地实施。到了汉朝，汉高祖任用太常叔孙通，依据夏商周三代遗存的礼仪制度，结合秦朝现有的礼仪制度，制定了一套新的礼仪制度，沿袭"交领右衽"和"深衣"形式。例如，女子深衣，有直裾和曲裾两种，裁剪已经不同于战国深衣；男子深衣外衣领口詹宽至肩部，右衽直裾，前襟下垂及地，为方便活动，后襟自膝盖以下作梯形挖缺，使两侧襟成燕尾状。

到了唐朝，形成我国文治武功的第二个黄金时期，随着对外交流的增多，唐朝成为当时世界上最强盛的国家，声誉远扬海外，与亚欧国家均有往来。唐朝以后海外多称中国人为"唐人"，服装则被称为"唐装"，"唐装"成为华夏服装的代名词。

唐代服装在核心特征上依旧延续华服的主要特点，即"交领右衽"和"深衣"形式，在此基础上，出现了"圆领袍"和"半臂装"及"齐胸襦裙""交领襦裙"等新款式。唐服款式特点上衣下裳，宽衣大袖，颜色鲜明靓丽，显得更加时尚和飘逸。

唐朝以后，历经两次少数民族入主中原统治，服饰制度曾经有过较大改变，然而，唯一不变的是"交领右衽"和"深衣"形式，这种代表华夏民族最基本特征、最基础的特点的服饰标志，延续了几千年，一直到近代，在西服传入后才逐渐没落，成为尘封的记忆，往往只能在戏曲或影视剧中才能略窥一斑。

汉民族服装尽管受到其他民族服饰的影响，但其基本民族特征并未改变，只有各朝流行时尚花色品种习惯穿法的不同。如今，人们对传统优秀文化的喜爱度越来越高。其中，华夏民族的传统服装，也被不少人呼吁，希望国人能够在举办一些活动或者参加一些仪式的时候，恢复穿着华夏服装形式，让传统服饰再一次焕发出其原本就存在的诱人魅力。

"华夏复兴，衣冠先行"，更期待能"始于衣冠，达于博远"。

课后拓展

讨论

与西方服装比较，华服独特的形制特点是什么？

思考题

1. 简述华服的基本结构。
2. 简述华服的色彩、质料与款式。
3. 华服的服饰制度是什么？
4. 简述"交领右衽，系带隐扣"。

第三节　字中有衣——文字中隐藏的秘密

> **学习导入**
>
> 古代中国，士大夫称为"衣冠"，没有功名的学子称为"布衣"，绅士的"绅"源自衣带，潜心受教名为继承"衣钵"，当官的理想是"衣锦还乡"，清官的嘉誉是"两袖清风"，首脑人物称作"领袖"。中国文字，从一开始就紧密地与服装联系在一起，成为不可分割的整体。

一、始制文字，乃服衣裳

南北朝周兴嗣在《千字文》中提到"始制文字，乃服衣裳"。这两句话说的是黄帝时代，人类最重要的发明是创造文字与制作衣服。中华文明自黄帝时代始，以甲子纪年，至今有五千多年。传说黄帝作旃（zhān）冕，仓颉（jié）作文字，伯余作衣裳，胡曹作冕，於则作扉履，嫘（léi）祖教民养蚕，抽丝做衣服。这些衣帽鞋袜的创始人被奉为圣人，这些传说虽然半虚半实，但符合人类生活方式进化的历程。

中国文字的诞生是先民长期累积发展的结果。近代考古发现了3 600多年前商朝的甲骨文、约4 000年前至7 000年前的陶文、约7 000年前至10 000年前具有文字性质的龟骨契刻符号。流传下来的仓颉造字的传说，说明仓颉应当是在汉字发展中具有特别重大贡献的人物，他可能是整理汉字的集大成者。

关于仓颉造字（图1-3-1），历史上还有这样一个近似于神话的传说，说仓颉是黄帝的史官，黄帝统一华夏之后，感到用结绳的方法记事，远远满足不了要求，就命他的史官仓颉想办法造字。于是，仓颉就在当时的洧（wěi）水河南岸的一个高台上造屋住下来，专心致志地造起字来。可是，他苦思冥想，想了很长时间也没造出字来。说来凑巧，有一天，从远方飞来一群黑鸟在他家稻田里觅食。鸟飞走后，仓颉发现地上满是鸟的脚印，这给他留下了深刻的印象。他想，万事万物都有自己的特征，如能抓住事物的特征，画出图像，大家都能认识，这不就是字吗？此后，仓颉开始留心观察各种动物蹄爪的形状，最后他的这一爱好扩展到了他见到的所有事物。譬如日、月、星、云、山、河、湖、海，以及各种飞禽走兽、应用器物，并按其特征，画出图形，造出许多象形字来。仓颉做事非常专一，他"仰观奎星圆曲之势，俯察龟文鸟羽、山川指掌"，再通过系统深入地比较，逐渐把握了世间各种事物的外形特征。仓颉在此基础上采用"依类象形""因声借字""形声相益"等方法，创制了六类汉字，即所谓的"六书"。

(a) (b)

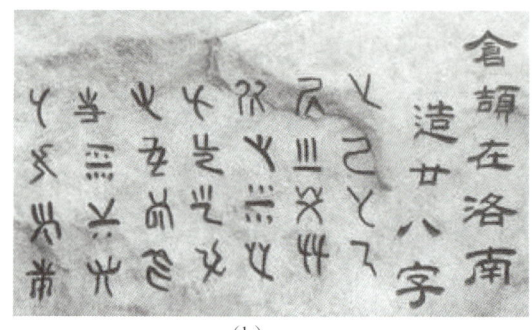

图 1-3-1　仓颉造字

说到"乃服衣裳"，就不得不提到一个人——嫘（léi）祖。在我国神话传说中，她是养蚕缫（sāo）丝方法的创造者（图 1-3-2）。北周以后，她被祀为"先蚕"（蚕神）。唐代著名韬略家、《长短经》作者、大诗人李白的老师赵蕤（ruí）所题唐《嫘祖圣地》碑文称："嫘祖首创种桑养蚕之法，抽丝编绢之术，谏诤黄帝，旨定农桑，法制衣裳，兴嫁娶，尚礼仪，架宫室，奠国基，统一中原，弼政之功，殁（mò）世不忘。是以尊为先蚕。"

胡曹是黄帝的臣子，来自上古胡部落，擅于制衣，为中国历史上第一个制作衣服的专家，是衣服的发明者（图 1-3-3）。《吕氏春秋·勿躬》说："胡曹作衣。"《淮南子·修务训》说："胡曹为衣。"

从嫘祖、胡曹开始，人们才穿上衣裳。在此之前的原始文明阶段，人只是以树叶、兽皮往下身一围，直至嫘祖发明了衣裳。上身穿的叫作衣，下身围的裙子叫作裳，至于裤子，那是很晚才出现的。

图 1-3-2　嫘祖缫丝　　　　　图 1-3-3　胡曹制衣

二、典籍文字与服装

《山海经》等古籍记录着上古中华祖先开拓历史的悲壮神话诗篇，既优美又哀伤，有开天辟地的盘古，有造人的女娲，有精卫填海，有夸父逐日。其记录的黄帝的夫人嫘祖缫丝造衣，是中国服装神话的最早史书。

《周易》，是群经之首，大道之源，帝王之学，是政治家、军事家、商家的必修之术，也是中国服装设计师的灵感源泉。《周易》涵盖万有，纲纪群伦，伏羲氏之王天下也，仰观象于天，俯观法于地，观鸟兽之文与地之宜，近取诸身，远取诸物，于是始作八卦，以通神明之德，以类万物之情。黄帝、尧、舜垂衣裳而天下治，盖取诸乾坤。

《后汉书·舆服志》中，也有服装的记载："故上衣玄，下裳黄。日月星辰，山龙华虫，作会宗彝，藻火粉米，黼（fǔ）黻（fú）絺（chī）绣，以五采章施于五色作服。"

在中国历史上，重新建立一个朝代，都会在正史上明确记载这个朝代的整个服饰体系，服饰制度。清朝乾隆皇帝钦定的《二十四史》是规模巨大、卷帙浩繁的史学丛书。《二十四史》中详细记录了各个朝代的服装。其中，南朝刘宋时期的范晔著述的《后汉书》之《舆服志》可能是中国历史上较为详细的服装记录，范晔在《舆服志》中，生动描述了上古、中古人类的服装状态。

伟大的史学家、文学家司马迁撰写《史记》时，已经将三皇五帝列入其中，并大量记录了冕冠服装服饰。班固撰写《前汉书》时，还将与服饰相关的资料，记录在诸志与纪之中。

三、专用于服装的汉字

中华民族的文字与服装有着千丝万缕的联系，中国人的衣、食、住、行从一开始就具有独创性。在甲骨文中，"衣"的象形字是交领的形状，矩形领直角相交，如图 1-3-4 所示。

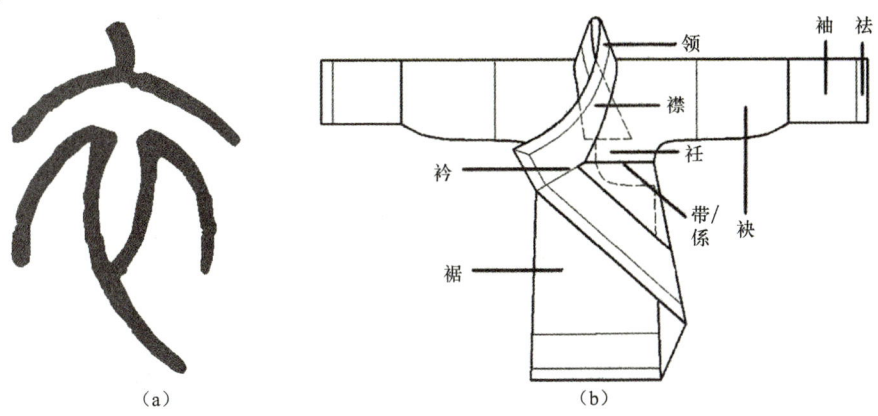

图 1-3-4 "衣"字的含义

衣：甲骨文字形演化而来。"上曰衣，下曰裳。象覆二人之形。凡衣之属皆从衣。"上面像领口，两旁像袖筒，底下像两襟左右相覆，为上衣形。"衣"是汉字的一个部首。本义：上衣。

衮（gǔn）：古代天子祭祀时所穿的绣有龙的礼服。也指古代帝王或三公（古代最高的官）穿的礼服。

衿（jīn）：专指古代读书人穿的汉服，如图1-3-5（a）所示。《诗·郑风》记载："青青子衿，悠悠我心。"《毛传》记载："青衿，青领也，学子之所服。"

襁（qiǎng）：《康熙字典》襁褓，包裹婴儿之衣。

襋（jí）：绣有花纹的衣领也。《诗》曰："要之襋之。"

衽（rèn）：指衣襟，如成语连衽成帷。连衽，古代宽大的衣袖。也指古代睡觉时用的席子，衽席。如图1-3-5（b）所示。

袆（huī）：是指有五彩鸡形图案的祭服。宋代皇后在受册、助祭、参加朝会时服袆衣。其衣深青色，上有翠翟（一种小而鲜艳的鸟）图案。

袍：《说文解字》襺也。从衣包声。《论语》曰："衣弊缊袍。"袍与衫的区别，在于有没有袖口，有袖口的为袍，无袖口的为衫，如图1-3-5（c）所示。

衹（zhī）：意为贴身穿的短衣衫。相当于今天的汗衫。《说文解字》衹裯，短衣。

袪（qū）：《尔雅·释衣》谓袖身扩大部分为"袪"，袖口缩敛部分为"袂"，这种袖式后来称为"琵琶袖"。

裾：衣袍也。读与"居"同。

褂：《康熙字典》穿在外边的上衣。

袄：《康熙字典》有衬里子的上衣。

衲：僧衣。

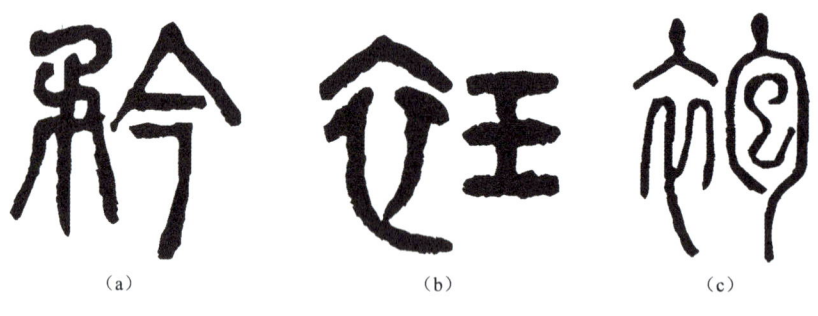

（a）　　　　（b）　　　　（c）

图1-3-5　衿、衽、袍

课后拓展

讨论

汉字与服装之间的内在联系有哪些？

思考题

1. 嫘祖与胡曹在服饰发展过程中起到什么作用？
2. 简述"仓颉造字"。
3. "衮服"是一种什么样的服装？
4. 请列举10个与服装有关的汉字，并简要说明其含义。

第四节　衣画同源——留存历史的罗琦妙笔

> **学习导入**
>
> 保留至今的中国画，不仅属于中国书画的历史，也属于中国服装的歌咏与插图，是中国服装历史上的解说词和真实写照。现在所能看到的大多数的古代服装样式，许多都是来自传世的中国画。

一、战国帛画与汉代帛画

战国时期的楚国帛画是迄今发现时代最早的以白色丝帛为材料的绘画，出土于战国中晚期楚地。

《人物龙凤帛画》（图1-4-1），出土于长沙陈家大山楚墓，纵31 cm，横22.5 cm。画面中部偏右下方绘一侧身伫立的妇女，其身着缀绣卷云纹的宽袖长袍，袖身肥大，袖口缩敛，袍裾曳地状如花瓣，发髻下垂，顶有冠饰。在她的头部前方即画的中上部，有一硕大的凤鸟引颈张喙，双足一前一后，作腾踏迈进状，翅膀伸展，尾羽上翘至头部，动态似飞。画面左边绘有张举双足、体态扭曲向上升腾的龙。

《人物御龙帛画》（图1-4-2），于湖南长沙子弹库楚墓出土，纵37.5 cm，横28 cm。画面正中绘一侧身执缰的男子，头戴高冠，身穿长袍，长缨结于颌下，袍式宽松，广绣，曲裾，长可掩足，腰佩长剑，正驾驭着一条状似舟形的长龙。龙首高昂，龙尾上翘，龙身平伏供男子伫立，龙尾上部站着一只长颈仰天的鹤，龙首下部有一条向左游动的鲤鱼。

图1-4-1　《人物龙凤帛画》　　　图1-4-2　《人物御龙帛画》

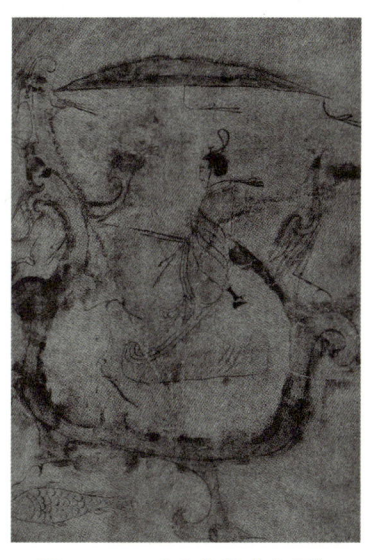

这两幅帛画中的人物通常被认为是墓主肖像。他们分别被画成驾驭游龙和由龙凤导引飞翔升腾，意在表示死者灵魂不朽，升归天国。这种主题反映了当时楚国流行的引魂升天意识。同时，通过考察帛画描绘的服装，综合归纳起来，楚国服饰大致有以下四方面的特征：

（1）衣裳多趋于瘦长，以大带束腰，带宽而束得很紧，使腰身呈现出曲线。当时民谣说："楚王好细腰"。可见束细腰已成为当时社会时代的风尚。

（2）服饰的整体造型，领、袖、襟、腰、下摆等多为曲线形式，图案纹饰也为曲线。

（3）衣的领缘较宽，绕襟旋转而下，衣裳面料上有十分美丽的曲线图案，其手法多为印绘、绣。其缘边多为织锦材料，这可与古文献中"衣作绣、饰为缘"相印证。

（4）衣着华丽，衣上布满图案，有各式云纹、几何纹、散点纹等。

长沙马王堆一号墓出土的汉代帛画，绘有精美的彩色图像，全幅呈T字形（图1-4-3、图1-4-4）。帛画的内容自上而下分为三部分，分别表示天上、人间、地下。天上部分画太阳和月亮，有的还有星辰、升龙、蛇身神人等图像；太阳中有金乌，月亮中有蟾蜍和玉兔，有的还有奔月的嫦娥；人间部分画墓主人的日常生活，有出行、宴飨或祭祀的场面，也有起居、乐舞、礼宾等的情景；地下部分则画怪兽及龙、蛇、大鱼等水族动物，实际上是表示海底的"水府"，或所谓"黄泉""九泉"的阴间。帛画的主题思想，一般认为是"引魂升天"，但也有人认为是"招魂以复魄"，使死者安土。

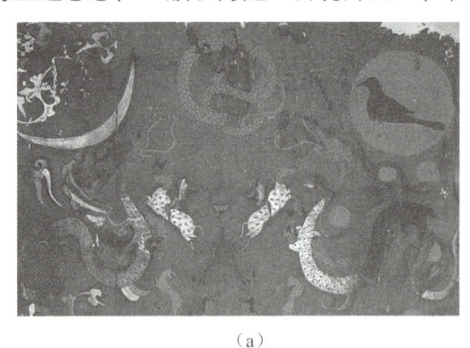

（a） （b）

图1-4-3 马王堆T形帛画（局部）

二、晋《洛神赋图》与《女史箴图》

《洛神赋图》（图1-4-5、图1-4-6）是顾恺之根据曹植《洛神赋》而作的长幅卷轴画。洛神为洛水之神。相传是古帝宓羲氏之女。魏晋时期老庄、佛道思想成为时尚，"魏晋风度"也表现在当时的服饰文化中。宽衣博带成为上至王公贵族，下至平民百姓的流行服饰。男子的服装更有时代特色，一般都穿大袖翩翩的衫子。直到南朝时期，这种衫子仍为各阶层男子所喜好，成为一时的风尚。

图1-4-4 马王堆T形帛画

图 1-4-5 《洛神赋图》(局部)

(a) (b)

图 1-4-6 《洛神赋图》(局部)

《女史箴图》(图 1-4-7、图 1-4-8)是顾恺之依据西晋文学家张华《女史箴》创作的绢本绘画作品。该作品蕴含了妇女应当遵守的道德信条,成功地塑造了不同身份的宫廷妇女形象,一定程度上反映了作者所处时代妇女的生活情景。全卷共九个部分,描绘了上层妇女梳妆装扮等日常生活,真实而生动地再现了贵族妇女的娇柔、矜持。第四段画的是两个妇女对镜梳妆,用来表现"人咸知修其容,而莫知饰其性"。其中一个妇女正对镜自理,镜中映出整个面容,画家巧妙地展现出那种顾影自怜的神态。另一妇女照镜,身后有一女子在为其梳头。三个人的姿态各不相同,却都让人感觉到幽雅文静,姿态端庄。画面显示了魏晋女性浓郁的生活气息。侍女(站立者)头梳高髻(jì),上插步摇首饰,髻后垂有一髾。魏晋流行"蔽髻",是一种假髻,晋成公《蔽髻铭》曾作过专门叙述，其髻上镶有金饰，各有严格制度，非命妇不得使用。普通妇女除将本身头发挽成各种样式外，也有戴假髻的。不过这种假髻比较随便，髻上的装饰也没有蔽髻那样复杂，时称"缓鬓倾髻"。

图 1-4-7　《女史箴图》（局部）

图 1-4-8　《女史箴图》（局部）

三、唐《步辇图》《捣练图》与《簪花仕女图》

阎立本的《步辇图》（图1-4-9～图1-4-11）表现了当时男子服饰的样式，唐代男子服式主要为圆领袍衫。此初承隋制，后经中书马周提议，根据深衣之制，用了加襕（lán）、袖褾（biǎo）等手段，成为士人之上服。加襕，又称为横襕，即以白细布施于袍的腰下部位作为裳，有襕袍、襕衫等样式。而袖褾是指在袖口处加一段硬衬，便于折叠伸缩。

图1-4-9　《步辇图》

图1-4-10　《步辇图》（局部）　　　图1-4-11　《步辇图》（局部）

张萱的《捣练图》（图1-4-12～图1-4-14）以如花妙笔描绘出民间纺织工艺中熨帛、捣练、缝纫等劳动景色。画中的仕女丰颊肥体，梳高髻，饰披帛，多着小袖襦衣，裙上系及胸部，束腰极高，显得体态丰硕而修长，合体而又飘逸，性感又不失端庄。从整体效果来看，上衣短小而长裙拖曳，打破了正常的服装构成比例，使人体比例显得更为理想、悦目。同时，唐代女装以长大的披帛为饰，体现了唐代女子审美标准的改变，当时人们生活富足安乐，有条件、有闲暇去讲究衣着的美化，去尽情展示体态的飘逸、

轻柔。同时，披帛的流行也表明唐代已注重通过服饰线条来美化人体。唐代以女性丰腴为美，故多肥胖之女，而披帛流畅飘逸的线条能使身体显得轻盈婀娜，代表了那个兴旺发达鼎盛至极社会的面貌。

图 1-4-12　《捣练图》

（a）　　　　　　　　　　　　　　（b）
图 1-4-13　《捣练图》（局部）

（a）　　　　　　　　　　　　　　（b）
图 1-4-14　《捣练图》（局部）

周昉的《簪花仕女图》（图 1-4-15、图 1-4-16）是古代服装画中极品。画家用流动飘逸的线条，浓丽典雅的色彩，描绘出一个个精致丰硕的盛装美人，大敞的衣领大袖、飘逸的彩裙，花团锦簇般地烘托出唐朝"粉胸半掩凝晴雪"的青年贵族妇女富贵、悠闲、安乐，一片奢华雅逸的贵族气派，再现了唐代仕女服装的审美风尚，至今仍不过时。

（a） （b）

图 1-4-15 《簪花仕女图》（局部）

图 1-4-16 《簪花仕女图》

课后拓展

讨论

在传世的中国绘画《簪花仕女图》中保存了哪些重要的服装样式？

思考题

1. 简述《人物龙凤帛画》与《人物御龙帛画》的服饰特征。
2. 简述顾恺之《女史箴图》中"蔽髻"的特点。
3. 简述张萱《捣练图》中的服饰特征。

第五节　华夷之合——民族服饰的大融合

学习导入

　　任何文化间的融合都是双方的，服饰文化也不例外。中原的服饰文化影响着其他民族，同时，也在不断地吸纳外族的服饰文化精髓。本节将列举几个朝代的服饰融合作为例证。

一、胡服骑射

　　"胡服"（图1-5-1）是北方少数民族的服装，它的款式与宽袍大袖的中原服饰存在较大差异，衣着特征是便于活动，较为紧身。窄袖短袄的胡服，使生活起居和狩猎作战都比较方便。"胡服"与中原汉服相对立而存在，沈从文先生认为"胡服是西北地域性服装的代表"。其主要特征为短衣窄袖、腰束革带，下着裤装、革靴，以毛、皮革为主要材料，有短小精悍、保暖防晒、便于骑射等特点。

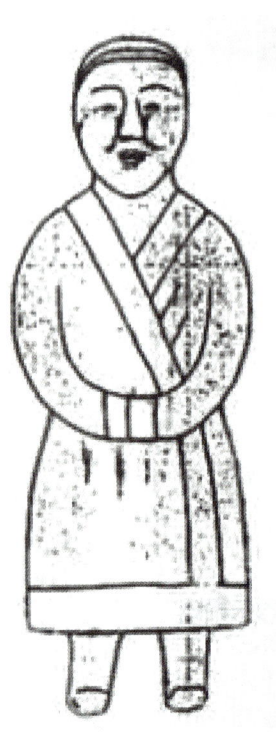

图1-5-1　胡服

有记载的最早的服饰融合产生于赵武灵王时期，赵武灵王是战国时赵国的国君，当时赵国的士兵衣着比较笨重，穿的是长袍，这位君主觉得这种装束严重影响了部队的战斗力。同时，他也看到胡人作战时的骑兵与弓箭，都比中原的兵车具有更强的灵活机动性。他认为，北方游牧民族的骑兵来如飞鸟，去如绝弦，是当今之快速反应部队，带着这样的部队驰骋疆场哪有不取胜的道理。为此，他力排众议，提出"着胡服""习骑射"的主张，决心取胡人服装之长补中原服装之短。

可是，"胡服骑射"的命令还没有下达，就遭到许多皇亲国戚的反对，他们以"易古之道，逆人之心"为由，拒绝接受变法。赵武灵王则认为怎样有利于国家的昌盛就怎样去做，只要对富国强兵有利，何必拘泥于古人的旧法。

于是，他毅然发布了"胡服骑射"的政令，并号令全国穿胡服，习骑射，带头穿着胡服去会见群臣。胡服在赵国军队中装备齐全后，赵武灵王就开始训练将士，让他们学着胡人的样子，骑马射箭，转战疆场，并结合围猎活动进行实战演习。赵武灵王主张"法度制令各顺其宜，衣服器械各便其用"，最终取得了非凡的效果。赵国军事力量日益强大，成为"战国七雄"之一。

赵武灵王变法始于衣冠，教民骑射，征兵胡人，近可保民，远可称雄，是汉民族向少数民族学习的成功典范，也是第一次冲破层层阻力，削弱了上古以来的服装等级观念，强化了服装作为战衣的使用功能，引发春秋战国时期各国纷纷效仿与改革，使胡服在中原大地广为流行（图1-5-2、图1-5-3）。

图1-5-2 胡人骑马射箭

（a） （b）

图 1-5-3 胡服骑射

推行"胡服骑射"之后，"习胡服，求便利"成了我国服饰变化的开始。它减弱了汉族鄙视胡人的心理，增强了胡人的归依心理，缩短了二者之间的心理距离，奠定了中原民族与北方游牧民族服饰融合的基础，进而推进了中华民族的融合。

二、魏晋南北朝时期的服饰融合

魏晋南北朝时期的社会局面比较动荡，多战争，是中华民族历史发展的一个特殊时段，短短的三百六十多年，汉族和各少数民族国家政权更替频繁，其中，匈奴族建立过前赵、北凉、夏；鲜卑族建立过北魏、北周；羌族建立过后秦。南北文化的演变在历史上留下了非常明显的印记，这其中就包括了与北方民族服饰的融合（图 1-5-4）。

图 1-5-4 魏晋时期北方民族骑射

在魏晋南北朝时期，流行庄子、佛道思想，受这些思想的影响，男子的衣着以衫为主，并追求轻松自然，女子的着装优雅飘逸，长裙，大袖，这与汉代服饰有些相似。而这个时期北方少数民族的衣着特点是便于生产劳动，比同时期的汉族服装更加的实用，随着两个民族之间接触的日益频繁，中原民族的服饰很快地吸纳了这种服饰特点。例如，游牧民族的"裤褶"（图1-5-5），后来被汉族用作日常的着装，并用各种质地的面料来制作。这种两个民族之间的不同文化的碰撞，造就了这个时期服饰上的求同存异，谱写了这个时期服饰文化的崭新篇章。

（a）　　　　　　　　（b）

图 1-5-5　魏晋时期的"裤褶"

北魏鲜卑族孝文帝拓跋宏，是一位卓越的少数民族的政治家、军事家和改革家。

孝文帝崇尚汉族文化，实行汉化，禁胡服胡语，改变度量衡，推广教育，提高了鲜卑人的文化水准，为各民族的大融合和江山社稷以及经济文化发展，做出了卓越的贡献。孝文帝认识到以少数的鲜卑族统御大多数的汉族是困难的，只有引进汉文化才能促进民族融合以实现全民族大一统的目的（图1-5-6、图1-5-7）。

迁都洛阳之后，孝文帝立即着手改革鲜卑旧俗，全面推行汉化。主要措施为易服装。公元495年12月2日，下诏禁止士民穿胡服，规定鲜卑人和北方其他少数族人一律改穿汉人服装。孝文帝带头穿汉族服装，在会见群臣时，"班赐冠服"。孝文帝"易衣裳"改革措施，推动了鲜卑族向中原农耕文明的转化和发展。

图 1-5-6　北魏服饰吸收了汉朝服饰的特点

(a)   (b)   (c)

图 1-5-7 　魏晋时期的服饰铠甲

　　北魏孝文帝的文化政策和审美取向都是根据国情和思想进行改变的。在中国的历史上，任何一个进入中原的少数民族都会被汉族同化，因为汉族对于不同民族之间的文化交流是包容性的。自此，在北魏服饰当中逐渐出现了宽松、肥大的服装（图 1-5-8）。

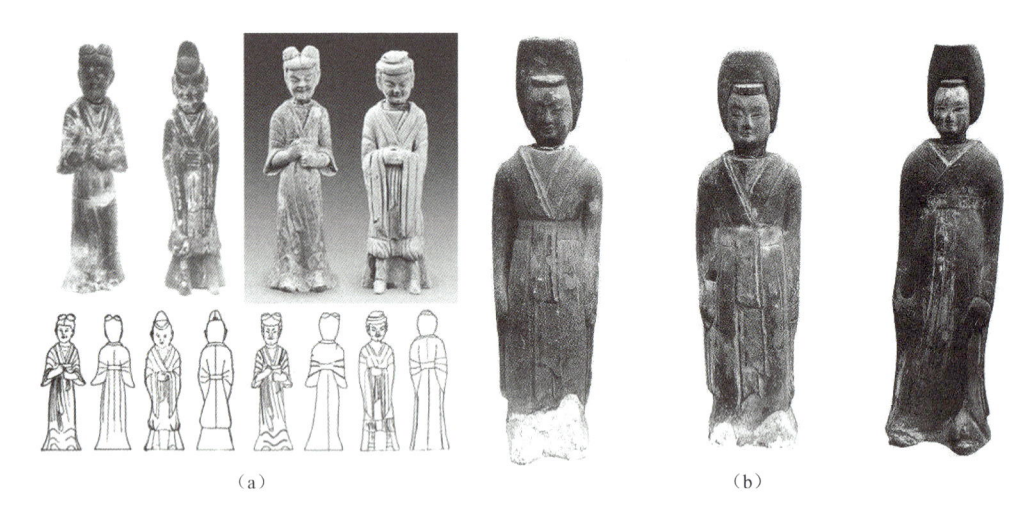

(a)   (b)

图 1-5-8 　北魏服饰呈现宽松、肥大的特点

　　赵武灵王推广"胡服骑射"，鲜卑孝文帝带头穿汉服"易衣裳"。中国服装史，从来就是精彩纷呈，百看不厌的。

三、唐朝的服饰融合

　　唐朝作为几千年封建王朝中最鼎盛的一个朝代，它的多民族性是其他朝代不可比拟的。其经济和文化的繁荣及多样性也是空前绝后的，这也为它与其他民族的服饰大融合奠定了基础。

　　在唐朝，丝绸之路的兴起和繁荣，为这个时期的服饰文化奠定了物质基础。北方的匈奴、契丹、回纥等少数游牧民族，不停地走进中原，不仅带来了胡商汇集，也带来了异国的服装服饰，以及风俗礼仪、音乐、美术、宗教，"胡酒""胡帽""胡服""胡乐""胡舞",胡风在盛唐长安与洛阳,盛极一时(图1-5-9、图1-5-10)。

在李世民登基之初就被立为太子的李承乾"好突厥言及所服,选貌类胡者,被以羊裘,辫发"。"又使户奴数十人百人习音声,学胡人椎髻,剪彩为舞衣。寻橦跳剑,鼓鞞声通昼夜不绝"。

李唐王朝对各民族的极大包容,创造出三百年盛世唐朝。

隋唐五代时期服饰

(a)   (b)   (c)

图 1-5-9   唐代翻领胡服

(a)   (b)   (c)

图 1-5-10   唐代胡帽

唐朝的初期和中期,中原与少数民族交往密切,这势必影响到这个时期唐朝的着装。此时胡服已经跟战国时期的胡服有明显差异。当时的胡服融合了多民族特性，唐朝当时的百姓并没有见过这种装束，改良后的胡服在唐朝迅速地流行开来。回鹘装，是作为除去胡服之外的另一流行装束，它从唐代一直流传到五代。融合各民族服饰特点，广泛吸取服装优势，是这个时期的服饰文化的特性，至此，中国古代服饰文化达到顶峰。

《舆服志》记："中宗后，有衣男子衣而靴如奚契丹之服。"奚是匈奴的别称。契丹为胡人。男人穿胡服，着奚靴，妇女也以戴胡相、穿胡服为流行时尚，这种装扮盛行于洛阳与长安。在唐朝的古画与壁画上，或在阎立本的《步辇图》中可以看到当时的记录。唐朝仕女戴着锥形的"浑脱帽"，穿翻领小袖的长袍、绣花镶着毛皮、脚蹬软底绣花靴子，这种服装是高昌与回纥的服装（图1-5-11、图1-5-12）。

图1-5-11 "浑脱帽" 　　　　图1-5-12 唐代回纥女装

在西安和吐鲁番出土的唐代陶瓷女俑，有着蛮鬟椎髻，八字低颦，赭黄涂脸，乌膏注唇的"囚装""啼装""泪装"等。伟大的唐朝，因为开放与开明，使得胸怀更加开阔，眼界更加高广，气度格外恢宏，经济文化高度发达。唐朝女装的薄透，唐朝的女穿男装，以及男女通衣，是唐朝皇族的鲜卑母系氏族遗风尚存。

圆领也称为团领，是唐代最典型的胡服，也是最具代表性的唐代男装。缺胯袍是在鲜卑旧式外衣的基础上参照西域胡服改革而成的一种北朝服装，圆领衣侧开衩，衩口最初较低，后渐高，直抵胯部，故称为缺胯。左衽的衣服是符合胡人的衣服风格，唐代的服制继承了隋代的窄袖盘领，但此时的衣服是胡人的左衽，后换为汉人的右衽（图1-5-13）。

（a） （b）

图 1-5-13　唐代袍服

课后拓展

讨论

古代中国服饰不断的吸纳融合外族的服饰文化精髓，对当下中国服饰的发展变革有什么借鉴与启示？

思考题

1. 简述"胡服骑射"的原因与效果。
2. 简述北魏鲜卑族孝文帝的服饰改革。
3. 简述唐代的服饰特点。

第六节　互通共建——丝绸之路的来生今世

学习导入

> 古代的丝绸之路横贯欧亚，将中国人古老而优秀的黄河流域文化以及恒河流域文化、古罗马、古希腊文化联结起来，带动了美好的文明与文化的交流，促进了整个人类的文明进程。新时代的"一带一路"倡议，在古代的丝绸之路的基础上，涵盖东南亚经济整合、涵盖东北亚经济整合，并最终融合在一起通向欧洲，形成欧亚大陆经济整合的大趋势。"一带一路"是促进全人类共同发展、实现共同繁荣的合作共赢之路，是增进理解信任、加强全方位交流的和平友谊之路。

一、古代丝绸之路

中国是世界蚕丝的发祥地，古称"丝国"。距今五千年前的新石器时代晚期，勤劳的中国人已经将野蚕驯化成为家蚕，进行人工饲养，从而有了丝绸生产。至于野蚕利用的历史则为时更早。养蚕、缫丝和织绸，是古代在纤维利用上的重大成就，为世界纺织生产做出了非凡贡献。它是中国古代四大发明之外的又一项伟大发明，并被广泛传播到国外，在世界文明史上写下了光辉的一页。

中华民族，绵延几千年为世界人民提供绚美华贵的丝绸产品，为绚丽世界做出了巨大的贡献。远在公元前 7 世纪，中国丝绸就已作为珍品馈赠外宾。公元前 5 世纪起，中国丝绸就相继传到了希腊、罗马等遥远的西方国家（图 1-6-1）。

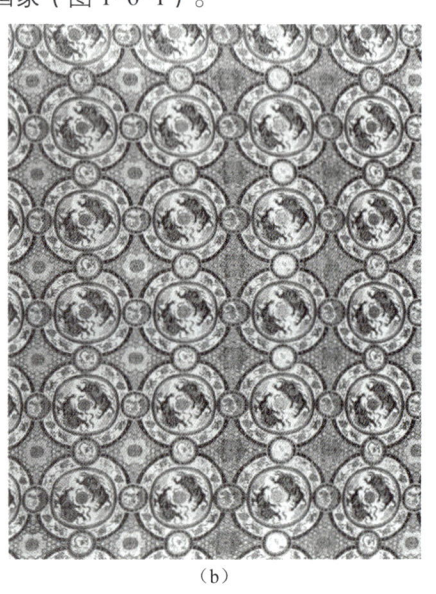

(a)　　　　(b)

图 1-6-1　精美的中国丝绸

从奥古斯都时期开始，罗马人就迷恋上了丝绸，如图 1-6-2 所示。普林尼对此很不以为然，他在《自然史》里摆出道学家的面孔抱怨说，半透明的丝绸让妇女看上去就像赤身裸体，实在有伤风化。光是有伤风化也就算了，而且还那么贵，据说价格高的时候，一磅丝绸可以换一磅黄金。普林尼估算说，丝绸一年至少会导致罗马帝国流失一亿赛斯特斯。他认为这种可憎的纺织品来自遥远的东方，一个叫赛里斯的国家。据他说"赛里斯人的身材超过了普通凡人，红头发，蓝眼睛，嗓门粗糙，没有互相交流的语言。"而且赛里斯人"不与其他民族交往，仅仅坐等买卖上门"。而公元前 5 世纪的另一位希腊史学家克泰西亚斯，在他的《史地书》中则称"塞里斯人身高近 20 英尺[①]，寿命超过 200 岁"。还说在塞里斯国中没有乞丐，没有小偷，没有妓女，对该国充满着美好的向往。

上文所述的赛里斯国就是中国。古代作家谈起遥远异域，往往容易发挥他们自己的想象，或者添油加醋。真实的情况是中国人不仅没有红头发蓝眼睛，而且也并没有"坐等买卖上门"。

图 1-6-2 古罗马以中国的丝绸为时尚

丝绸之路是由张骞开辟出来的。普林尼对之牢骚满腹的商品就来自于这条商路，中国丝绸在汉、唐时期的千余年间一直源源不断地从中国西北两条陆路经过中亚运往欧洲，这两条陆路通被后人称为"丝绸之路"。

西汉（公元前 2 世纪前后），张骞通西域（图 1-6-3），开辟了从长安（今西安市）经甘肃、新疆，到中亚、西亚，并联结地中海各国的陆上通道，这就是举世闻名的北方丝绸之路。这也是一条最长、最古老的丝绸之路，是横贯亚洲，直达欧洲地中海沿岸的古代交通要道，它因运送中国的丝绸而闻名。它东起长安，西达古罗马都城君士坦丁堡，长 15 000 余千米，距今有 2 000 多年的历史，是整个古代东西方商品和文化交流的交通要道。丝绸是中国文化的象征，丝绸之路促进了中国与欧、亚、非三大洲人民的经济繁荣，文化交流和友好往来。

---

① 1 英尺=0.304 8 米。

图 1-6-3　张骞通西域

　　古代丝绸之路（图 1-6-4），起点是中国的长安（今西安）。长安是汉朝和唐朝的国都，当时各地丝绸和其他商品集中在长安以后，再由各国商人把一捆捆的生丝和一匹匹绸缎，用油漆麻布和皮革装裹，然后浩浩荡荡地组成商队，爬上陕甘高原，越过乌鞘岭，经过甘肃的武威，穿过河西走廊，到达当时的中西交通要道敦煌。另外，经过青海也是丝绸之路的重要通道，再往西便是新疆的塔克拉玛干大沙漠。

(a)　　　　　　　　　　　　(b)

图 1-6-4　古代丝绸之路

　　古代丝绸之路是当时对中国与西方所有来往通道的统称，它实际上并不是只有一条路。第一条是沿昆仑山北麓到达安息（今伊朗），直至印度洋，称为"南道"。第二条顺天山南侧行走，越过帕米尔高原，到达中亚和波斯湾等地，称为"北道"。但西汉以后天山北路又增加了第三条丝路，通往地中海各国，称为"北道"，或"新北道"，原来的北道（即顺天山南侧行走的那一条）就改称为"中道"。除了从长安出发运往欧洲外，还有其他"丝绸之路"：

（1）南方丝绸之路：长安—成都—保山—缅甸—印度—欧洲。
（2）海上丝绸之路：扬州—泉州—珠海—（经马六甲）—欧洲。

显然，这条丝绸之路，是那么漫长，那么艰辛，绝不似今人想象中的大漠孤烟落日圆，驼铃声声脆连天。它是荒漠之路、戈壁之路，只有方向与目标，脚下没有路。它铺着汗水甚至是生命，却横贯欧亚，将中国人古老而优秀的黄河流域文化及恒河流域文化，与古罗马、古希腊文化联结起来。其后，中国的丝绸、蚕种、纺织工艺品，还有火药、造纸、印刷术相继传播到了西方。西方的动植物、乐曲、乐器、希腊罗马的绘画、印度的佛教哲学流入了中国。这样美好的文明与文化的交流，促进了整个人类的文明进程。如诗如画、如云如梦的中国丝绸，震惊了西方各国。

二、新时代"一带一路"倡议

2013年9月和10月，中国国家主席习近平在出访中亚和东南亚国家期间，先后提出共建"丝绸之路经济带"和"21世纪海上丝绸之路"的重大倡议，得到国际社会高度关注。两者合称——"一带一路"倡议。"一带一路"是促进共同发展、实现共同繁荣的合作共赢之路，是增进理解信任、加强全方位交流的和平友谊之路。

"一带一路"贯穿亚欧非大陆，一头是活跃的东亚经济圈，一头是发达的欧洲经济圈，中间广大腹地国家经济发展潜力巨大。丝绸之路经济带重点畅通中国经中亚、俄罗斯至欧洲（波罗的海）；中国经中亚、西亚至波斯湾、地中海；中国至东南亚、南亚、印度洋。21世纪海上丝绸之路的重点方向是从中国沿海港口过南海到印度洋，延伸至欧洲；从中国沿海港口过南海到南太平洋。

"一带一路"建设是沿线各国开放合作的宏大经济愿景，需各国携手努力，朝着互利互惠、共同安全的目标相向而行。努力实现区域基础设施更加完善，安全高效的陆海空通道网络基本形成，互联互通达到新水平；投资贸易便利化水平进一步提升，高标准自由贸易区网络基本形成，经济联系更加紧密，政治互信更加深入；人文交流更加广泛深入，不同文明互鉴共荣，各国人民相知相交、和平友好。

课后拓展

讨论

新时代"一带一路"倡议，对当下中国服装出口贸易有什么影响？

思考题

1. 简述古代丝绸之路。
2. 新时代"一带一路"倡议的意义是什么？

第二章
中国文化与华服

儒家、佛家、道家的思想不仅影响着中华文明的发展进程，影响着每一个中国人思想与行为模式，还影响着中华服装的品格与心理结构。

因各家的哲学思想不同而形成了不同的服饰观念，如儒家的"文质彬彬""度爵而制服"，道家的"被褐怀玉"，佛家的"出家人当着衲衣""三衣一钵"。这些思想所代表的是对人性理智的思考及表述，当然，也是它们让我们明白如何去做人，怎样立足于这个世界，还有怎样不断完善我们的人格。这些思想占据着中国人不朽的灵魂。它们就像太阳一样，光辉而不可思议，不仅给予了人类光明与梦想，还规范着中国人的穿衣心态，设计着服装的每一个细节。

在博大精深的中国传统服饰文化中，儒家、佛家、道家服饰文化是其中重要的组成部分。这三家的服饰文化因其独特的理论而自成体系，并始终保持着自己的独立性。

课件：中国文化与华服

第一节 华服儒心——儒家文化与华服

学习导入

在漫长的历史发展中，儒家思想一直在中国古代占有重要地位，因而，中国的服饰也被打上了深刻的儒家"烙印"。儒家重礼仪，讲求中庸之道，所以，儒家思想和古代服饰之间存在着必然和深刻的联系，二者是相互依存的，如果没有儒家思想，中国服饰必定叙写不出如此辉煌的篇章，而如果没有服饰制度的依托，儒家思想也不会传承至今。

一、儒家的精神内涵与价值

要了解中国服装的历史与现实，就必须对儒家文化的基本精神内涵及现代价值有一个客观的认识和把握。

1. 和谐意识与和平发展

儒家文化中的和谐意识包含天人关系的和谐与人际关系的和谐两层意思。关于天人关系的和谐，儒家提倡"天人合一"（图2-1-1、图2-1-2）。关于人际关系的和谐，儒家提倡"中庸"，即"和而不同"与"过犹不及"。所谓"和而不同"，说的是对一件事情该肯定的肯定，该否定的否定，这是合乎辩证法的和同观的。所谓"过犹不及"，说的是凡事都有一个界限和尺度，达不到或超过这个界限和尺度都不可取。

图 2-1-1　孔子像 　　　　　　　　　　图 2-1-2　孟子像

2. 忧患意识与责任承担

忧患意识是指人们从忧患境遇的困扰中体验到人性的尊严和伟大及其人之为人的意义和价值，并进而以自身内在的生命力量去突破困境、超越忧患的心态。儒家文化所体现的忧患意识也正是他们通过对忧患境遇的深刻体验而孕育出来的弘扬人性尊严和人生价值、提升主体人格和精神境界的特殊心态。它包含悲天悯人和承担责任两层意义。所谓悲天悯人说的是内在精神生活的缺憾和人类群体生存发展上的苦困；绝非一己之功利得失，而主要是人类群体之幸福和理想的实现。所以，当现实的苦困缠绕个人与众生之际，当天人合一的境界和人我和谐的秩序被打破之时，孟子称之为"恻隐之心"。总之，悲天悯人的同情心是责任感得以生发的直接契机，承担苦困的责任感则是同情心的必然升华，二者共同构成了儒家忧患意识的有机内涵。

儒家的忧患意识对历代仁人志士胸怀天下、奋发进取、为理想而不懈追求传统的形成产生了十分积极的影响，即便在今天，人们仍可以从中得到许多有益的启示。

3. 道德意识与文明进步

儒家的传统是崇尚道德。首先，有无德行构成人们人格评价的直接依据。一个人如果没有崇高的道德，即使贵为王侯，也得不到万民敬重；反之，有了崇高道德，即使穷困潦倒，也能得到万民称颂而名垂千古。其次，道德还是人们设身处地的行为准则。儒家认为仁义之心是人之生命的根本，失去仁义之心也就等于丧失生命之根本。再次，道德成为文化教育的中心内容。儒家重视教育，但他们所说的教育主要不是知识教育，而是伦理教育，以及如何做人的教育，儒家的愿望是通过道德教化以造就志士仁人的理想人格。最后，道德也是国家兴衰存亡的重要标志。仁义存则国存，仁义亡则国亡（图2-1-3、图2-1-4）。

儒家给我们留下了一个崇尚道德的传统，后人从儒家力行主张的精神内涵中获得了非常有益的启示，伦理道德的影响充分在服饰里体现出来，蕴涵着相当的文化内涵。追求平和自然，与世无争，宽厚仁爱的境界，塑造了"华服"天人合一、飘逸洒脱的风格。"华服"也体现出穿着者的宽大、随和，以及包容四海的气度。

图2-1-3　儒家的教育　　　　图2-1-4　儒家注重道德的培育

二、孔子的服饰观

管仲（图2-1-5）是春秋时期安徽颍上（今安徽省颍上县）人，他辅佐齐桓公致力改革，富国强兵，使齐国在诸侯列国中脱颖而出。齐桓公成为春秋时期的霸主后，管仲被委任为齐国相国。他提出了"尊王攘夷""保合诸夏协和万邦""仓廪实则知礼节，衣食足则知荣辱"等论点。

孔子在《论语》里指出管仲的两大过错。一是生活奢侈，不尚节俭。二是居功自傲，不讲礼数。所以，孔子称管仲为小器之人。但是，孔子也从另外方面给予管仲一定的赞同，在《论语·宪问》中孔子提道："微管仲，吾其被发左衽矣"。真实意思是，没有管仲，我们就会成为那些还处于野蛮蒙昧状态的蛮夷戎狄了。

图2-1-5　管仲像

由于管仲辅佐齐桓公成功抵御了当时某些北方民族对中原地区的侵扰，保护了中原地区的周王室与诸侯国，所以，孔子说这句话是表扬他。但是，孔子不说别的，只说发式与衣冠，可见服饰衣冠在孔子心目中占着极其重要的地位。管仲犯了两大过错，但是保住了"周礼衣冠"，孔子就觉得他非常了不起。

同时，孔子还认为服饰必须遵循礼的制度，孔子最看重的学生子路曾发出："君子死，冠不免"的豪言，君子即使临死，也要衣冠整齐，系好帽缨。孔子曾评价禹，虽然禹平时穿的衣服并不好，但是在祭祀时候穿的祭服却是很华丽的。由此可以看出孔子格外关注礼仪服饰的规范化。

三、儒家思想在华服中的体现

中国服饰的制度形成就是以孔子在服饰上的思想为基础的。儒家服饰观念认为人们穿着衣物要分出等级，不能随心所欲的穿，服装应该与社会伦理及陶冶人们的情操相结合，这在中国古代服饰观中是比较突出的一点（图2-1-6）。

图 2-1-6　讲究等级的儒家服饰

孔子在讲服装形式美的时候也将个人的修养与其联系在了一起。所谓"文质彬彬"，文和质是匹配的，二者缺一不可，当然还有一点要注意，那就是服装的搭配要与场合时间相对应。在孔子的观念中，平时的衣着可以简朴，只要适合当时的环境即可。所以，儒家的服饰思想认为服装一定要符合"礼"的要求，在适当的场合搭配适当的衣着，只有这样才能将有序的社会制度和人的综合修养相结合，才能算遵循了社会的规范（图2-1-7）。

（a） （b） （c） （d）

图 2-1-7　文质彬彬的儒家服饰

因此，在整个社会阶层中，统治阶级和贵族与平民等不同的阶级之间，在不同的场合所穿的服饰纹样、色彩、材质都有严格的规定。在汉代，人们的衣帽鞋袜，出行时所乘坐的交通工具及日常的生活用品，在当时都已经有了严格的限制和规定。发展到唐朝的时候，服装的等级制度更加鲜明。尽管唐朝一直奉行开放包容的政策，但是在服饰的等级方面却依然不折不扣地践行着儒家思想中所推行的礼制。其主要表现有十分重视恢复旧有的传统，推崇古代的礼服；在服饰色彩上，强调本色；在服饰质地上，主张不应过分豪华，而应简朴（图 2-1-8）。

图 2-1-8　简朴的儒家服饰

宋代各朝皇帝多次申饬服饰务从简朴、不得奢华。特别是对妇女服饰要求尤为严格，一改唐代妇女服饰袒胸露背的风尚。宁宗嘉泰初年，宫廷中除帝王后妃外，妇女所用的金石首饰，集中放火焚烧，以此警示天下。可见，在程朱理学影响下，宋人的服饰是十分拘谨和质朴的。服饰在整体风格上呈现出清新朴素和淡雅的特点，同时，整个穿衣风格也逐渐变得保守（图2-1-9）。而男女服饰上的逐渐保守，也在无形当中塑造着恭谦有礼的行为，这正体现了儒家思想中仁爱的精神。

图2-1-9 清新淡雅的儒家服饰

明清时期的服饰大都以宽大为主，特别是清朝的女性服饰，更是将女性包裹得严严实实，衣服宽大，完全不能展现出女性的曲线美，这都是深受理学思想的影响。

华服主要以袍服为主，而袍服又以长袍、宽袖、博带为主要特点。简单来说就是以宽松为主，对人的日常行走与其他行为动作约束较小，但是宽大的衣袖在行走的时候又能够展现出流畅的线条，体现的正是在一个既定的规则里能够灵活变通的儒家思想。同时，长袍的长度一般都是到脚踝部分，从脖子到脚踝，这样直筒式的服装形式，代表的正是儒家思想中正直的部分，而下摆一般也是与地面齐平，象征的则是权衡的思想（图2-1-10）。

在中国漫长的历史发展过程中，儒家思想与华服形成了相互配合，相互融合，相互发展的特殊关系。儒家思想的优良传统美德和华服中所承载的款式、面料、织造等要素，也正是中华民族数千年来在历史长河中百经淘澄后展现出来的耀眼光芒，因此，对儒家思想与华服文化的传承，正是我们每个人的责任和使命。

（a） （b）

图 2-1-10 宽松的儒家服饰

课后拓展

讨论

儒家思想和古代服饰之间存在的内在关联是什么？

思考题

1. 儒家文化的基本精神内涵及现代价值是什么？
2. 简述孔子的服饰观。
3. 儒家服饰的特点是什么？

第二节 道法自然——道服

学习导入

道家思想以其独有的宇宙、社会和人生领悟，在哲学思想上呈现出永恒的价值与生命。道家所主张的"道"，是指天地万物的本质及其自然循环的规律。自然界万物处于经常的运动变化之中，道即是其基本法则。道教服饰是华夏民族的传统服装。

一、道家思想理念

道家以老子为道祖（图2-2-1）。古代道家崇尚自然，有辩证法的因素和无神论的倾向，但是主张清静无为，反对斗争。随着历史的发展，道家思想以其独有的宇宙、社会和人生领悟，在哲学思想上呈现出永恒的价值与生命力。道家第一原则为"道法自然"，即顺应自然，不要过于刻意，"去甚，去奢，去泰"。人要以自然的态度对待自然，对待他人，对待自我。

（a） （b）

图2-2-1 老子像

老子论"道"是当时思辨哲学的最高成果。他不仅对世界的本源做出了"道"的最高抽象，而且对"道"的运动规律做出了最高概括。他说："反者道之动（《道德经》第四十章）。"意思是向相反的方向转化是"道"的运动规律。他认为自然界和人类社会是变动不居的；变动不居的原因是天地万物都存在两个互相矛盾的对立面，以及对立面的互相转化。他揭示出一系列的矛盾，如有无、难易、长短、高下、音声、前后、美丑、祸福、刚柔、强弱、损益、兴衰、大小、轻重、智愚、巧拙、生死、胜败、进退、攻守等。

老子论道的另外一个重要思想是"贵柔"。他说："弱者道之用。"认为柔弱因循是"道"的作用。"天下之至柔，驰骋天下之至坚。""圣人之道，为而不争。""以其不争，故天下莫能与之争。"老子主张柔弱胜刚强，并提出了以静制动，以弱胜强，以柔克刚，以少胜多等政治、军事方面的战略原则。这些战略原则具有一定的合理性，也具有相当的片面性。

道家以"道"为核心，主张道法自然，具有朴素的辩证法思想，是诸子百家中一门极为重要的哲学流派，存在于中华各文化领域，对中国乃至世界的文化都产生了巨大的影响。大量的中外学者开始注意与吸取道家的积极思想。

二、道服的风格特点

道教服饰指道教徒的衣着穿戴，属于中国传统服饰体系，又称为"法服""道

服""道装"等（图2-2-2）。社会服饰随着时代发展屡有更异，道教服饰则大体不变。《天皇至道太清玉册》说："冠服古之衣冠，皆黄帝之时衣冠也。自后赵武灵王改为胡服，而中国稍有变者，至隋炀帝束巡，便於畋猎，尽为胡服。独道士之衣冠尚存，故曰有黄冠之称。"

（a）　　　　　　　　　　（b）

图 2-2-2　道教服饰

道教对其服饰相当慎重，无论全真派还是正一派都是如此。大约从南朝宋起，始据古代衣冠之制，结合宗教需要，定为制度。至南北朝末，基本形成一套完整的服饰制度，即按道士入道年限及学道之深浅，分为若干等级，对每个等级道士的衣服、冠巾、靴履，应该使用的布料、采用的颜色及样式等，做出了具体的规定。每个等级的道士皆须按此着装，不得混淆。据南北朝所出之《传授经戒仪注诀》载，道士服饰有葛巾、单衣、被（帔）、履、手板。其服饰不外法服、冠巾、靴履三大项。

1. 法服

道士法服的基本形制为上着褐，下着裙（裳），外罩帔。此实为沿袭古代上衣下裳之制。同时，在褐、帔等的制作上，又采取条块剪裁与缝制的方法。如"二十四条""三十二条"之"条数"，即指衣料被剪裁之条块（幅）数，也即将此条块加以缝合而成衣的"条缝"数。此法也源于古制"长裙大袖"，是道教法服的一大特点，其道袍、戎衣等，袖口宽一尺八寸，或二尺四寸（图2-2-3、图2-2-4）。

（a）

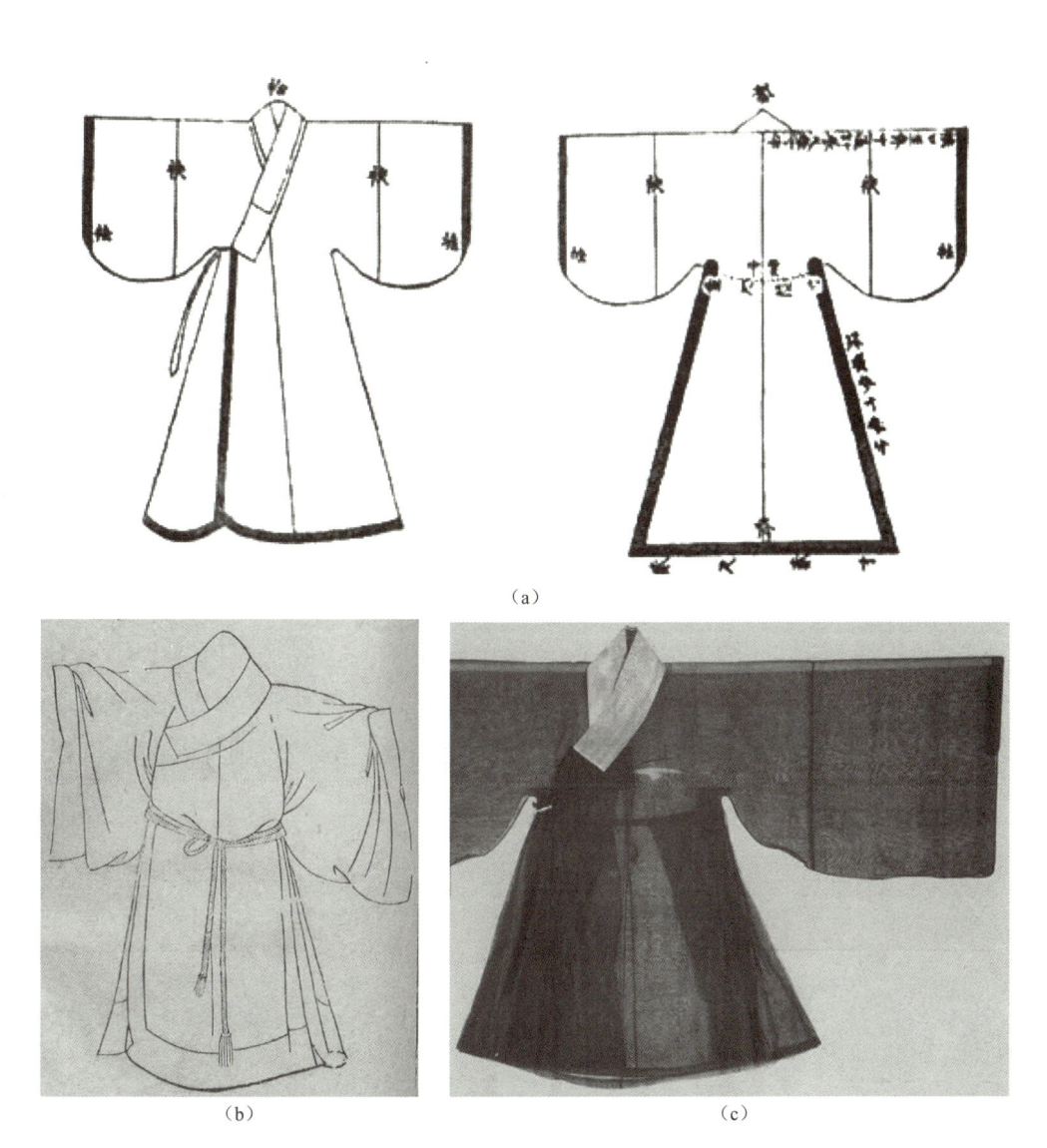

（b） （c）

图 2-2-3　道士法服

（a） （b）

图 2-2-4　道士法服（外罩帔）

2. 冠巾

《洞玄灵宝道学科仪》卷上《巾冠品》云:"若道士,若女冠,平常修道,戴二仪巾。巾有两角,以法二仪;若行法事,升三箓众斋之坛者,戴元始、远游之冠。亦有轻葛巾之上法,元始所服,……亦谓玄冠。"大体说来,平时戴巾、帻,作法事时戴冠,而巾冠之名称、式样则有多种,如图2-2-5所示。

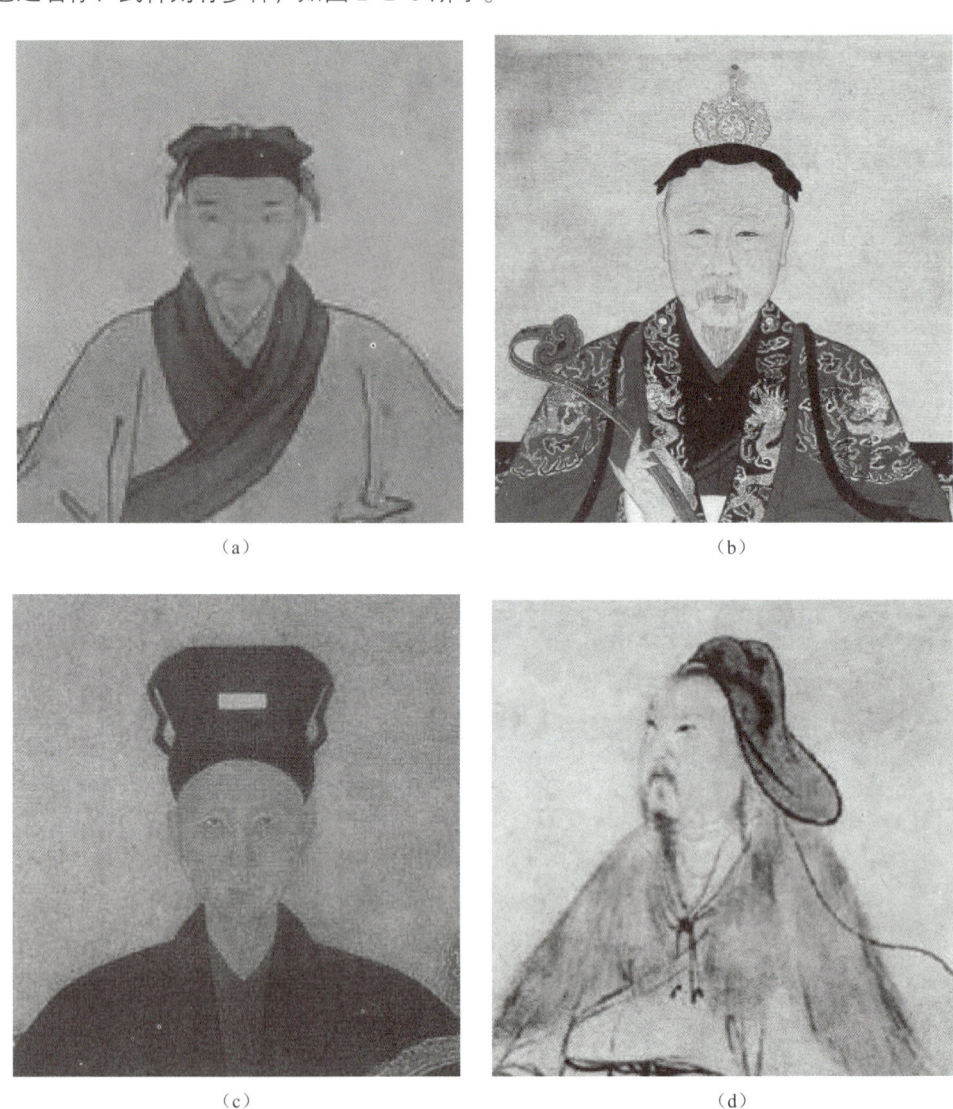

(a)　(b)

(c)　(d)

图 2-2-5　道士冠巾

3. 靴履

《洞玄灵宝三洞奉道科戒营始》卷三引南北朝所出之《科》书曰:"道士、女冠履制皆圆头,或二仪像,以皮、布、绝、绢装饰,黄黑其色,皆不得罗绮锦绣。……其袜并须纯素,绝、布、绢为之。其靴圆头阔底,鞋唯麻而已。自外皆不得著。"布鞋、草覆盖为平时所穿,高功法师作法事时,则穿靴或舄(复底靴)(图2-2-6、图2-2-7)。

(a)   (b)

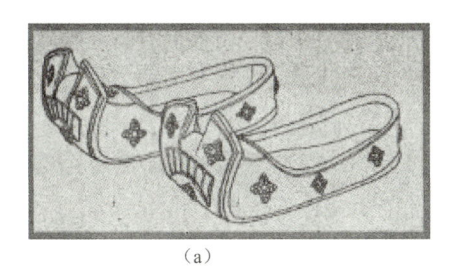

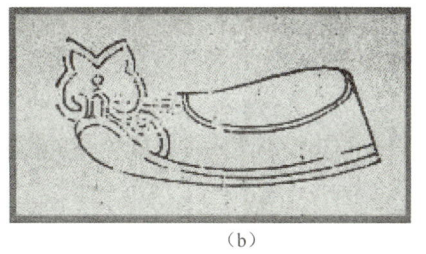

图 2-2-6 舄

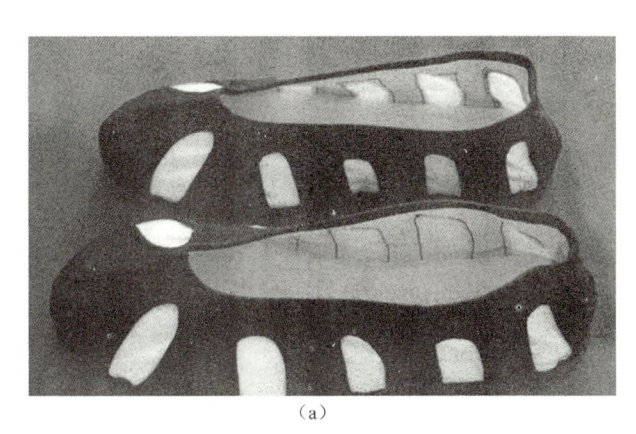

(a)   (b)

图 2-2-7 道士的布鞋与绑腿

以上就是道士服饰在用料、颜色、形制及制作方法等方面的制度的大概情形。

三、"被褐怀玉"与"九巾三冠"

1. 被褐怀玉

道教十分珍视自己的服饰，称其传自黄帝或老君，要道士依制穿着，以有别于普通百姓（图 2-2-8）。南北朝所出的一些道书中，还借服饰名称解释的机会，赋予以宗教道德意义，用以勉励道士修道立德。《洞真太上太霄琅书》卷四《法服诀第八》云："法服者何也？伏也，福也，伏以正理，致延福祥。济度身神，故谓为服。"

(a)   (b)

图 2-2-8 道服呈现的精神气质

老子在他的《道德经》中指出："知我者希，则我者贵，是以圣人被褐而怀玉。"道家服饰文化就是在遵循"被褐怀玉"的思想。被褐怀玉的意思是道家的服饰文化不像儒家那样讲究"文质彬彬"，道家讲求一个"质"字。道家认为，真正的圣人就算穿着最低廉的粗质衣服，但只要胸中怀有高尚博大的胸怀，心中怀有清明自贵的信仰，即使衣服低贱也折不了道家人的思想。

从道家的服饰文化中分析老子"被褐怀玉"的思想，可见道家的服饰文化强调人的本体，道家认为真正的圣人不会用服饰来体现自己的气质。图 2-2-9 所示为元代道教全真七子像。

老子的《道德经》中还指出："甘其食，美其服，安其居，乐其俗。"其中也包含了道家的服饰文化，认为应以服饰的本真为美，不必为了提高服饰的修饰水平而过多地耗费人力、物力、财力。

现如今，社会的生活节奏越来越快，人们之间的会面过于匆忙，有时道家的这种服饰文化会显得过于寒酸。但还是有一些淡泊名利的人崇尚道家的服饰文化，认为最华贵的衣服便是一颗淡泊之心，而不是穿着于肉身的服饰，如图 2-2-10 所示。

图 2-2-9　元代道教全真七子像

图 2-2-10　简朴的道士服

2. 九巾三冠

巾是我国古代常用首服之一，指的是一种帽子。道巾则指道教徒戴的帽子。也有人把巾误认为冠，其实巾与冠是不同的。巾为平民百姓之头饰，以与士大夫之冠相区别。巾始于先秦，乃一般百姓戴用之首服。直到东汉以后则贵贱通用。俗话说"道有九巾，僧有八帽"。九巾的名目并不固定。现在流行的九巾为混元巾、庄子巾、纯阳巾、浩然巾、逍遥巾、荷叶巾、太阳巾、一字巾、包巾等。

（1）九巾：

1）混元巾：取道教混元一气之意，也称为"冠巾"。圆形，以黑缯糊成硬沿，帽顶中心有孔。道士戴混元巾时，扎发髻，帽顶之孔露髻，以一簪贯之。后上部稍高起，以示超脱。混元巾是道教最正式的头巾，规定举行"冠巾"仪式拜师之后的道士方可戴用。现在，这一限制逐渐被打破，未经冠巾戴用此巾的道士不在少数，一般为蓄发的全真道士常用。全真派高功在举行斋醮科仪时均用此巾，并在露出的发髻上面别以道冠（图2-2-11）。

2）庄子巾：象征如庄子一样，无拘无束，超凡脱俗，也称为"冲和巾""南华巾"。该巾下面为方形，上部为三角形，状如屋顶。帽前正面镶有白玉，便以正帽，象征品性端正。全真派道士因年老，头发稀少者多喜戴此巾。也有正一派道士戴庄子巾的（图2-2-12）。

3）纯阳巾：也称为"乐天巾""华阳巾""紫阳巾""九阳巾"或"九梁巾"。帽底圆形，顶坡而平。帽顶向后上方高起，以示超脱。帽前上方有九道梁垂下，"九"为纯阳之数，代表道教"九转还丹"之意。帽前正中镶有帽正。现在的正一派道士多戴此巾（图2-2-13）。

图2-2-11 混元巾　　　图2-2-12 庄子巾　　　图2-2-13 纯阳巾

4）浩然巾：一种用黑色布缎制成的暖帽，形如风帽。在极严寒天气中才带此巾。相传唐代名士孟浩然常戴此帽外出，以御风雪。后士人皆仿效之，故称为"浩然巾"，也称为"大风帽"。道教徒戴浩然巾（图2-2-14），一是抵御风雪，二是纪念先贤。

5）逍遥巾：乃是一块方形（也有圆形）巾料，包于发髻之上，系上两根长长的剑头飘带，称为逍遥巾。另有一种是用庄子巾或纯阳巾，饰以美观的云头图案，帽后缀上两根长长的剑头飘带，也称为"逍遥巾"（古称"雷巾"）。全真派道士出家不久，因发髻未能全部挽起，或夏天天气热时多戴此巾。戴起此巾，好像神仙一样，显得仙风道骨，格外逍遥自在。故命名为逍遥巾（图2-2-15）。

6）荷叶巾：外形类似庄子巾，帽底圆形，顶坡而平。帽顶向后上方高起，以示超脱。帽前正中镶有帽正。帽子有褶如同荷叶，故名为荷叶巾（图2-2-16）。

图2-2-14　浩然巾　　　图2-2-15　逍遥巾　　　图2-2-16　荷叶巾

7）太阳巾：太阳巾形如现代的太阳帽。主要是遮挡夏天的阳光。不同的是，太阳巾（图2-2-17）中部隆起的地方为三角帽形，太阳帽中间隆起的则为圆形。

8）一字巾：又名太极巾，其形为一带，端头有木扣或玉扣，扣子一般刻有太极八卦图形，所以叫作一字巾或太极巾（图2-2-18）。这是所有道巾之中最为简便的一种。道教规定，不可光头进入殿堂，必须戴有道巾，若无其他道巾，扎上这根带子也可顶替。

9）包巾：又称为"扎巾"。乃是一块方形布料，四角缀有带子，可以勒在头上。帽前正中可饰帽正，但多数不用帽正。包巾（图2-2-19）是道教中最不正式的一种头巾，初入道门尚未拜师者即戴此巾，也有人认为不应列于九巾之内。现在有的正式道士也戴此巾。

图2-2-17　太阳巾　　　图2-2-18　一字巾　　　图2-2-19　包巾

道教虽有"九巾"之名，但是一般道士只取少数几种日常戴用。日常多用混元巾、庄子巾和一字巾，正一派道士多用纯阳巾。历史上的道巾，事实上远远不止九种。在明朝前，很多巾是道俗通用的，如纯阳巾、逍遥巾、网巾、纶巾、幅巾等；也有道教徒专戴的，如庄子巾、一字巾、九梁巾等。但道教徒的道巾所用颜色皆为黑色，而一般世俗的巾帽则颜色不拘。因为道门也称为玄门，玄色即黑色。作为玄门弟子，道士要尊道，当然要戴黑色的道巾。

由此看出，道巾不仅是标志着道教徒的帽子那么简单，其中还蕴含着深刻的道教教理教义，如奉天敬祖、崇尚和平、成仙得道、逍遥自在。道教作为中国传统的宗教，与中国的民俗生活确实是息息相关。对道巾的研究，实际也是对古代巾帽的研究。现代道教界对古代道教的冠帽的研究还未引起重视。

（2）三冠：

1）莲花冠（图2-2-20）。道门三冠之一。唯有道教中高功法师上坛才可以戴此冠。因其外形乃是一朵盛开的莲花，故名莲花冠。此冠在唐时已在世间流行，宋沿袭其制。以金玉来制，以珠宝来饰。

2）鱼尾冠（图2-2-21）。太清鱼尾冠。道门三冠之一。唯有历代道教中太清派（信仰太上老君）的掌教之主才可以戴此冠。

3）芙蓉冠（图2-2-22）。上清芙蓉冠。唯有高功法师行科时方用。

图 2-2-20　莲花冠　　　图 2-2-21　鱼尾冠　　　图 2-2-22　芙蓉冠

课后拓展

讨论

古代道教的冠帽有许多造型风格，请列举几种道教的冠帽，并说明其对于我们当下日常的冠帽设计有什么借鉴意义。

思考题

1. 请简要说明一套完整的道服所包含的部件。
2. 老子的"被褐怀玉"思想是什么？
3. 简述"九巾三冠"的内涵。

第三节　人生是苦——僧衣

> **学习导入**
>
> 公元前6世纪，释迦牟尼在创建佛教的同时，也创建了佛教服饰文化。佛教独特的服饰文化，源自释迦牟尼"人生是苦"的人生价值判断。在此认识基础上形成的服饰观念，如"出家人当着衲衣"以戒除贪念的观念；塑造中性形象，淡化男女性别特征，以利于持戒修行的观念；对僧衣颜色进行"坏色"和"点净"处理，以消除僧、尼爱美之心的观念；以僧衣作为众僧平等的实证，呼唤人性，倡导种姓平等的观念；这些服饰观念是释迦牟尼为佛教服饰文化制定的基本原则。佛教服饰文化以独特的理论丰富了中国传统服饰文化的内涵，成为传统服饰文化中重要的组成部分，在中国服饰文化体系中占有重要的历史地位。

一、释迦牟尼的服饰观念

服饰是流行的，时尚的，变化的。而佛教服饰文化，却颠覆了这个概念。佛教服饰首先是精神的，充满了戒律的要求和理想主义的色彩。其是单纯的，实用的，并且是保持恒久不变的。

服装对于佛祖释迦牟尼（图2-3-1），是一件修行的道具。因为佛祖要求每一个人从心出发，在世间找到解脱之道。佛祖释迦牟尼非常重视僧侣在悟道过程中的修行方法，规定僧侣必须按照戒律着装。在佛教的主要律制经典《十诵律》《四分律》和《五分律》等重要经典中，都有论述衣制的专门章节。

图 2-3-1　佛祖释迦牟尼

"出家人当着衲衣"的观念是释迦牟尼服饰观念的重要内容之一。《大智度论》云:"佛意欲令弟子随顺道行。舍世乐故。赞十二头陀。如初度五比丘。白佛当着何等衣。佛言应着衲衣""露地住,则着衣、脱衣,随意快乐;月光遍照,空中明净,心易入空三昧。""衲"是补缀的意思,所谓"衲衣",就是用破旧布片和人们丢弃不要的破旧衣服加以拆洗缝补改制成的衣服。

释迦牟尼为什么推崇拆洗缝补的衲衣呢?这与佛教的教义是有密切关联的。佛教对人生的价值判断,就是"人生是苦",并把人生之苦的根源归结为人的贪欲。认为消灭了贪欲之心,就能消灭了苦,使人获得解脱。所以,释迦牟尼除了看中衲衣与其他服装的实用功能以外,更看中衲衣的教化功能。他希望僧侣们能够通过穿衲衣,遏止贪心,增长道心,达到修持悟道,身心清静的目的(图 2-3-2)。

(a) (b)

图 2-3-2 佛教衲衣

释迦牟尼独特的服饰观念是佛教服饰文化的起源,是十分重要的内容。佛教服饰最深刻的内涵,就在于僧人通过穿衣的方式,达到断贪、断嗔、断痴的修行目的,潜佛教理念于人们的日常生活之中。所以,在佛教中,衣钵是重要的,是作为传法的根本,衣钵是佛法的凭信,而佛法是根本所在。对于整个佛教服饰文化来说,释迦牟尼的服饰观念占有重中之重的历史地位,是十分宝贵的文化遗产。

二、佛教的"三衣一钵"

翻开浩瀚如烟海的佛教经典,人们可以看到关于戒律与服装的开示。佛祖不仅开创了戒定慧的完美人格,还以戒律来设计佛教服装。为了使僧侣放弃欲念,安心于朴素无华、清心寡欲的寒苦生活,早期的法衣大多以零碎破旧的布片缝纳而成。后来条件有了改善,但在制作时仍遵循这一规则,将大幅布匹裁成小块,再经补缀成衣。

在印度佛教衣饰制度中，最重要的法衣就是"袈裟"。由于三衣依规定须以坏色（浊色，即袈裟色）布料制成，故又称为袈裟。袈裟有三种，即大衣、上衣、内衣，称为"三衣"（图 2-3-3）。

图 2-3-3　印度三衣之一僧伽梨

三衣相传为佛祖释迦牟尼亲自制定，较适合于印度特有的亚热带气候，依佛教戒律的规定，比丘可拥有的三种衣服，谓之三衣。唐玄奘大师在《大唐西域记》里所说的"沙门法服，唯有三衣"指的就是这三种服装。

时至今日，佛教已经走过了两千五百多年，走过了很多个朝代与时空，由此得知佛教服饰具有超常的稳定性。在佛陀时代，"三衣"一直是僧人的基本服装。在佛教的生活圈子里，经过几百乃至上千年的时光磨炼，其样式几乎没有发生什么太大的变化。

僧衣是比丘身份的重要标识，细心的人会发现，不同僧侣的服装颜色是不同的。不同寺院的出家人站在一处，着装色彩斑斓，迥然不同。其实佛教戒律对服装颜色有严格的规定，僧人法衣不得用青、黄、赤、白、黑五种"正色"及绯、红、紫、绿、碧五种"间色"，只能用若青、若黑、若木兰（赤而带黑）等三种杂色，故有"不正色"之谓。另外，在衣服制成之后，还要缝缀一块其他颜色的布，以破坏整件衣服的色彩统一，故又有"坏色"之谓。

透过玄奘大师的记录，人们了解到三衣还有两个要点：

（1）颜色不许用上色或纯色。

（2）所有新衣必须有一处点上另一种颜色，以破坏衣色的整齐而免除贪着，这叫"坏色"或"点净"。

我们要懂得佛陀设计服装色彩时所蕴含的永恒的精神含义，这样的精神至今照耀着现代人，原生态、无污染、保护环境、清净身心，这样的衣服也应该是现代人追寻的时尚。

钵，又称为钵多罗、钵和兰等，是出家人常持道具之一，一般作为食器。其形状为椭圆形、底平、口略小内凹。钵的大小在各律典籍记载中也有差别，通常有大、中、小三种。大的三斗，小的一斗半，另外还有过钵、上钵等，以及最高等级皇帝赏赐的"金钵"等。一般钵的颜色为"黑色、赤色或褐色"。

三、汉传佛教服饰

西汉时期，佛教从西域各国传到了于阗、龟兹、疏勒、莎车、高昌等地区。在汉武帝开通西域后，即公元前3世纪印度阿育王时期，佛教逐渐传播到中国内地。

随着佛教的传播，佛教的服饰也同时传入。随之而来的是佛教服饰迅速被中国化。在与中国传统服饰相互影响与融合的过程中，逐步形成了中国汉传佛教服饰。汉传佛教服饰既是中国传统服饰中的重要组成部分，又因宗教的特点，有其独特的文化内涵而自成体系（图2-3-4～图2-3-6）。

图2-3-4　法显　　　　图2-3-5　六祖慧能　　　　图2-3-6　高峰原妙

汉传佛教的服饰形式，主要是三衣，继承了印度的三衣的主要特点又稍有变化。一是在缝制方法上，都沿用了印度佛教的形式。但在"点净"的做法上，汉化佛教一般都采取以少部分旧衣缝贴在新袈裟之上。同时，在款式上，汉传佛教将胸前的纽换成一枚大环，作为扣搭之用，称为"遮那环"，显得更加方便和漂亮。二是在作用和使用的场合方面，有一些变化。在印度，僧人是每天都要披三衣；而在汉化佛教中，僧人平时只穿常服，只在法会和重要佛事的时候，才穿用袈裟，加强服饰的神圣的意味。

在中国北方，气候寒冷，出家人即使将三衣合穿也难以御寒过冬。于是，中国的僧侣根据本土情况，运用中国服装的智慧，修改了三衣种种不方便的细节，又创制了一些新的僧衣。其中包括偏衫、方袍、直缀、海青等。

偏衫是一种宽衫，制有两肩双袖，但穿着时却如袈裟一样开脊接领，斜披于左肩，袒露右臂，因此有"偏衫"之名，也有称"一肩衣"。

直缀是将偏衫与僧裙合缀而成的僧服。唐代大智禅师将偏衫与裙子上下连缀，而称之为直缀。

海青（图2-3-7）是汉传佛教的重要服装款式，海青虽不属于出家人的专属法衣，但是，只要穿上海青就意味着已经是受持了在家戒律的真正居士，与一般的善男信女就不可同日而语了。

（a）　　　　　　　　　　　　　（b）

图 2-3-7　海青

佛教传入中国之后，各个时期所用的服色也有变化，三国时期，僧侣的衣色受到道士服色的影响而逐步趋向于缁色（即黑色之中微有赤意），因而那时开始称僧衣为"缁衣"或"缁流"。所谓"缁衣"，是在汉地原有的宽袖大袍的基础上，稍微改变其式样成为僧人们日常穿着的服装，仅在颜色上做了规定。汉魏时以赤色为主；唐宋时，因官服以紫色为贵，朝廷有时也将紫色赐予有功的高僧，以示恩宠，这样就出现了紫色袈裟。唐代齐己《寄怀曾口寺文英大师》诗："着紫袈裟名已贵，吟红菡萏价兼高。"说的就是这种情况。所以，唐宋时代一直都以赐紫色袈裟为荣。另一方面，也因执着于赤色而以朱红袈裟为最尊重（图 2-3-8）。

（a）　　　　　　　　　　　　　（b）

图 2-3-8　无准师范

四、佛教服饰对中国传统服饰的影响

在佛教传入中国之前,印度佛教的服饰已经形成了一个完整的体系。佛教服饰的传入,不仅是从国外引进的一种新的服装种类与生活方式,还是一种服饰的文化对另一种服饰文化的冲击与融合,这使中国传统的服饰观念发生变迁。

首先,在唐代的绘画或陶俑中,以及敦煌壁画上的佛教故事中,有许多唐代服饰是受印度佛教的影响。敦煌壁画飞天造型中袒露肚腹的衣裙和眉间的红印都与佛教异域的服饰观念有着密切关系。隋唐宽松开放的文化氛围,在服饰上打下了深刻的时代烙印,尤其是妇女服饰,式样之繁多,袒露程度之空前,均大大超过了前代(图2-3-9)。

(a)　　　　(b)

图 2-3-9　壁画与塑像中的服饰

其次,学习提炼印度的制衣方法。印度袈裟的制作方法是:先将较大块的布料割裁成小块正方形和长方形布片,然后再缝合而成。纵向缝合称为竖条,横向缝合称为横堤。两者再按规定的条数交错缝合,呈水田状,称为"田相"。袈裟的缝法分为马齿缝、鸟足缝两种。

这种用许多小碎布片缝制成规则和不规则的几何色块的制衣方法使唐、宋时代的一些贵族妇女受到启发,她们用各色绸缎仿照"田相"的形状拼缝裁制成时装,称为"水田衣"。清朝翟灏《通俗编》记载:"王维诗:'乞饭从香积,裁衣学水田。'按时俗妇女以各色帛寸翦间杂,紩以为衣,亦谓之水田衣。"说的就是这种情况。这种称为"水田衣"的时装,在明清的妇女中也曾风靡一时。

另外,受到佛教"借福"思想的影响,中国民间妇女常用各色零碎布片拼缝成被面、门帘或婴儿的小衣服(也称为"百衲衣"),据说穿用和盖在身上,能因惜福而得福(图2-3-10)。

（a） （b）

图 2-3-10　水田衣

综上所述，中华民族的服饰文化，就是在不断地与外来服饰文化的冲突与融合中，得以发展，正所谓"海纳百川，有容乃大"。而作为外来文化的佛教服饰，也在这个吸收与碰撞的过程中，不断地中国化，丰富其文化内涵，保持了独有特色。佛教服饰以独特的理念丰富了中国传统服饰的内涵，成为中国传统服饰中重要的组成部分，对传统服饰文化的形成、丰富与发展，起到了重要的作用。

课后拓展

讨论

汉传佛教的服饰形式保留了中国传统服饰的哪些特点？

思考题

1. 简述释迦牟尼的服饰观念。
2. 简述佛教三衣的具体形制。
3. 简述"水田衣"的设计理念。

第三章
古代华服

中国古代服装的主要特点是交领、右衽、束腰，用绳带系结，也兼用带钩等，给人洒脱飘逸的印象。这些特点都明显有别于其他民族的服饰。中国古代服装有礼服和常服之分。从形制上看，主要有"上衣下裳"制（裳在古代指下裙）、"深衣"制（把上衣下裳缝连起来）、"襦裙"制（襦，即短衣）等类型。其中，上衣下裳的冕服为帝王百官最隆重正式的礼服；袍服（深衣）为百官及士人常服，襦裙则为妇女喜爱的穿着。普通劳动人民一般上身着短衣，下身穿长裤。配饰头饰是汉族服饰的重要部分之一。古代汉族男女成年之后都把头发绾成发髻盘在头上，以笄固定。男子常常戴冠、巾、帽等，形制多样；女子发髻也可梳成各种式样，并在发髻上佩戴珠花、步摇等饰物。

课件：古代华服

明代理学家吕柟说："古人制物，无不寓一个道理。如制冠，则有冠的道理；制衣服，则有衣服的道理；制鞋履，则有鞋履的道理。人服此而思其理，则邪僻之心无自而入。"服此服而思其理，是古人服装制作的法则，这一法则使得一身衣衫从质料、色彩、款式、花纹无不受"礼制"的规范，赋以天道、伦理、身份地位、品行情操等诸多含义，成为封建伦理政治的图解和符号。

中国古代的服装不在于突出人体之美，而在于营造一种超越形体的精神空间，崇尚含蓄、委婉的审美意趣。服装与人体之间在整体审美上达到了一种和谐相称的关系，已经融为一体。人自身的形体特征被最大限度地淡化和消融，而服装的精神功能得到凸显。中国传统服装通常只有前后两片，在结构和纬度上属于平面结构，服装可以平摊在一个平面上；强调均衡、对称的服装布局，以及造型方法的统一，以规矩、平稳为最美；结构线以直线为主，形式比较单一，造型宽松不贴身；注重人的精气神的表现。

第一节　玄衣纁裳——冕服

> **学习导入**
>
> "上衣下裳"是我国古代最基本的服饰形制，也是历代男子礼服的最高形制，一直到明朝都是如此，如冕服、玄端。冕服产生于等级社会，是周代奴隶主贵族身份的象征。冕服的等级制度森严。冕服的产生与周礼密不可分，冕服的穿戴在不同的礼仪场合有不同的穿戴内容。冕服上的纹样共有十二章，其内容的政治意义大于审美的欣赏意义。冕服自西周以来，其内容有增有减，一直为历代封建帝王所传承，对中国古代服装的发展有着深远的影响。

一、冕服与十二章纹

冕服（图3-1-1），是古代的一种礼服名称，主要由冕冠、玄衣、纁裳、白罗大带、黄蔽膝、素纱中单、赤舄等构成，是古代帝王举行重大仪式所穿戴的礼服。玄衣肩部织日、月、龙纹；背部织星辰、山纹；袖部织火、华虫、宗彝纹；纁裳织藻、粉米、黼、黻纹各二，即所谓的"十二纹章"纹样。

图3-1-1　冕服

古人为冕服上的十二种图纹赋予了十分美好的寓意，几乎涵盖了为人在世的全部美德：日、月、星辰，取其照临之意；山，取其稳重、镇定之意；龙，取其神异、变幻之意；华虫，羽毛五色，甚美，取其有文采之意；宗彝，取其供奉、孝养之意；藻，取其洁净之意；火，取其明亮之意；粉米，取其有所养之意；黼，取其割断、果断之意；黻，取其辨别、明察、背恶向善之意。

十二章纹的题材，是人类在原始社会生存斗争的漫长岁月中观察和体验到的，在原始彩陶文化中，日纹、星纹、日月山组合纹、火纹、粮食纹、鸟纹、龙纹、弓形纹、斧纹、水藻纹等早已出现。到了奴隶社会，日、月、星辰、山、龙、华虫、虎、猴、水藻、火、粉米、黼、黻等题材被统治阶级用作象征统治权威的标志（图3-1-2）。

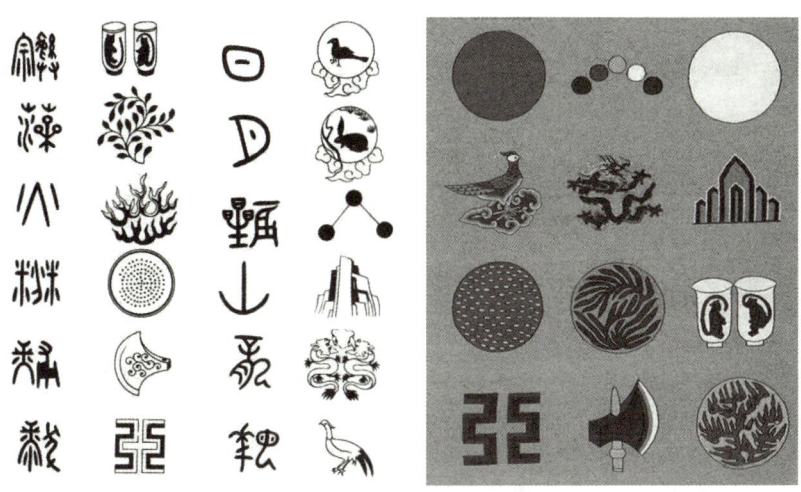

图 3-1-2　十二章纹

十二章纹到了周代正式确立，成为历代帝王的服章制度，一直沿用到近代袁世凯复辟帝制为止。民国北洋政府时期的国徽也是依照十二章纹设计的。十二章为章服之始，以下又衍生出九章、七章、五章、三章之别，按品位递减。例如，明代服制规定：天子十二章，皇太子、亲王、世子俱九章（图3-1-3）。"以纹为贵"代表了中华文化的信仰和习俗，千古的服饰文化思想之表征，勉人向善，充满尊天、隆祖、明礼、尚义之含义。

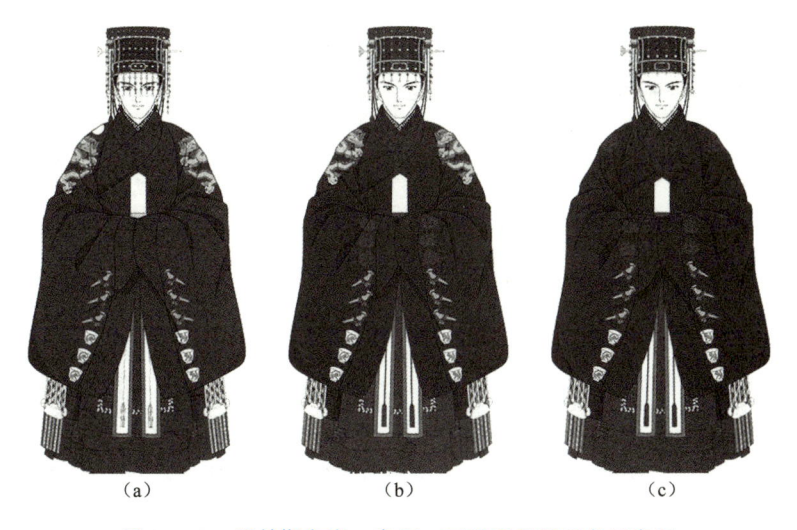

（a）　　　　　　　（b）　　　　　　　（c）

图 3-1-3　明前期皇帝、亲王、王世子冕服形象示意图

二、周礼与冕服

从史料的记载中可以看出，早在夏商时期已有冕服。《论语·泰伯》有："禹，吾无间然矣……恶衣服而致美乎黻冕。"《尚书·商书·汤誓》有："格尔众庶，悉听朕言"的告诫，表示国王有至上的权利，等级制度已形成。

周代，统治阶级在统治思想方面提出了"礼"的规范，"礼"适用于奴隶主阶级。即按照尊卑、亲疏、贵贱、长幼的差别，规定每个人的义务和权利。统治阶级利用这种"礼"来调整内部关系，维系贵族内部的等级秩序。服装正是在这种等级秩序下产生了相应的服装"礼仪"。"礼"的特点就是等级和秩序。服装礼仪也正是顺应了这种等级和秩序。

由于周代"礼"的统治的确立，使"礼"治下的服装成为统治阶级区别尊卑的工具，并深刻影响了几千年封建社会的历史。历代统治阶级的服装都是纹龙绣凤，从帝王、后妃到达官显贵以至平民百姓都有严格的等级秩序。整个社会是以"礼"为美的社会，中国号称"礼仪之邦""衣冠王国"，其审美尺度是以"礼"为中心的。这种审美倾向影响了中国古代几千年的服装文化，使服装的样式整体无大的突破，而在装饰功能上极尽之能事，注重的是服装的"内涵"。

周代奴隶主把装饰功能提高到突出的地位，服饰的职能除满足蔽体功能外，还被当作"分贵贱，别等威"的工具，所以对服饰资料的生产、管理、分配及使用都极为重视。从夏朝起，王宫里就设有从事蚕事劳动的女奴。到西周，政府设有庞大的官工作坊，从事服饰资料的生产。

周代打破了神权高度集中在王室手中的局面，神权崇拜的特点与政治统治的方式相配套，祭祀天地鬼神的权利像金字塔式按不同的等级阶层分配到上至王公下至士庶的手中。

三、冕服制度

周朝的这种等级制度必然影响其服饰制度，周的章服制度也有相应的等级制度。章服制度以国王的冕服制度为中心，冕服最能体现周的礼制，以及维系"伦纲"的目的。

周代的冕服制度整体上由冕冠、衣裳、佩饰三部分组成。周代的冕服是在夏、商基础上据周礼制定的，其形制为产生于夏的上衣下裳制。周的冕服采用玄衣、纁裳制，上衣为青黑色，下裳为赤黄色。衣裳之纹样据不同的礼仪场合有不同的规定，并且规定得非常具体。孔子认为周代的冕服制度是理想完美的。

冕冠作为冕服的重要组成部分，最显尊贵和气势，冕冠以其独有的形制，穿着起来显得威严华丽，仪表堂堂，成语"冠冕堂皇"一词就是根据冕冠的造型引申出来的。其基本款式是在一个圆筒式的帽卷上面，覆盖一块冕板（称为延），为前低后高的形式（有为王者不尊大之意），其形状呈前圆后方的长形，隐喻为"天圆地方"。冕板以木为体，上涂玄色象征天，下涂纁色以象征地。延的前后垂有旒，不同地位等级，旒的数量、质地都有区分。据《礼记·玉藻》记载，天子的冕冠前后各有十二旒，每旒贯十二块玉珠按朱、白、苍、黄、玄的顺次排列。公侯以下的贯玉则用苍、白、朱之色，冕板前后各垂九旒，每旒九珠。垂旒的意义还在于蔽明，表示王者不视非和、不视邪。冕冠的左右两旁各有一孔，玉笄穿过两孔和发髻，起到固定冕冠的作用。在笄的两端垂珠玉称作"充耳"，用以提醒着冠者勿轻信谗言（图3-1-4）。

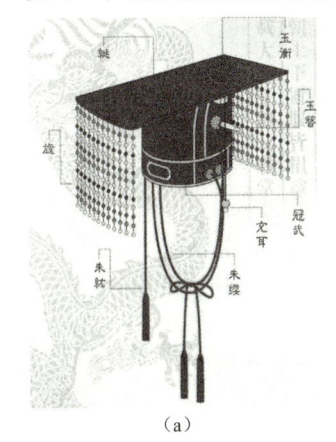

(a)　　　　　　　　(b)　　　　　　　　(c)

图 3-1-4　冕冠

按照规定，凡戴冕冠者，都要穿冕服，冕服由玄衣纁裳、十二章纹组成。冕服的类别，根据《周礼·春官》有："祀昊天上帝，则服大裘而冕，祀五帝亦如之；享先王，则衮（gǔn）冕；享先公飨（xiǎng）射，则鷩（bì）冕；祀四望山川，则毳（cuì）冕；祭社稷五祀，则絺（chī）冕；祭群小祀，则玄冕，合称六冕。"国王在举行祭祀时，根据典礼的轻重分别穿六种不同的冕服，总称六冕。主要以冕冠上"旒（liú）"的数量、长度与衣、裳上装饰的"章纹"种类、个数等内容相区别，六冕的内容如下：

（1）大裘冕（王祀昊天上帝的礼服）：为冕与中单、大裘、玄衣、纁裳配套。纁即黄赤色，玄即青黑色，玄与纁象征天与地的色彩，上衣绘日、月、星辰、山、龙、华虫六章花纹，下裳绣藻、火、粉米、宗彝、黼、黻六章花纹，共十二章（图3-1-5）。

(a)　　　　　　　　(b)　　　　　　　　(c)

图 3-1-5　大裘冕

（2）衮（gǔn）冕（王之吉服）：为冕与中单、玄衣、纁裳配套，上衣绘龙、山、华虫、火、宗彝五章花纹，下裳绣藻、粉米、黼、黻四章花纹，共九章（图3-1-6）。

(a)   (b)

图 3-1-6 衮冕

（3）鷩（bì）冕（王祭先公与飨射的礼服）：与中单、玄衣、纁裳配套，上衣绘华虫、火、宗彝三章花纹，下裳绣藻、粉米、黼、黻四章花纹，共七章（图 3-1-7）。

(a)   (b)

图 3-1-7 鷩冕

（4）毳（cuì）冕：与中单、玄衣、纁裳配套，衣绘宗彝、藻、粉米三章花纹，裳绣黼、黻二章花纹，共五章（图 3-1-8）。

（5）绨（chī）冕（王祭社稷先王的礼服）：与中单、玄衣、纁裳配套，衣绣粉米一章花纹，裳绣黼、黻二章花纹。绨即绣的意思，故上下均用绣（图3-1-9）。

（6）玄冕：与中单、玄衣、纁裳配套，衣不加章饰，裳绣黻一章花纹（图3-1-10）。

另外，六冕还与中单、大带、芾、佩绶、赤舄等相配，并依据服用者身份地位的高低，在花纹等方面加以区别。周代王后则有袆（yī）衣、揄（yú）翟（dí）、阙翟、鞠（jū）衣、展衣、褖（tuàn）衣六种礼服与国王的六种冕服相配衬。

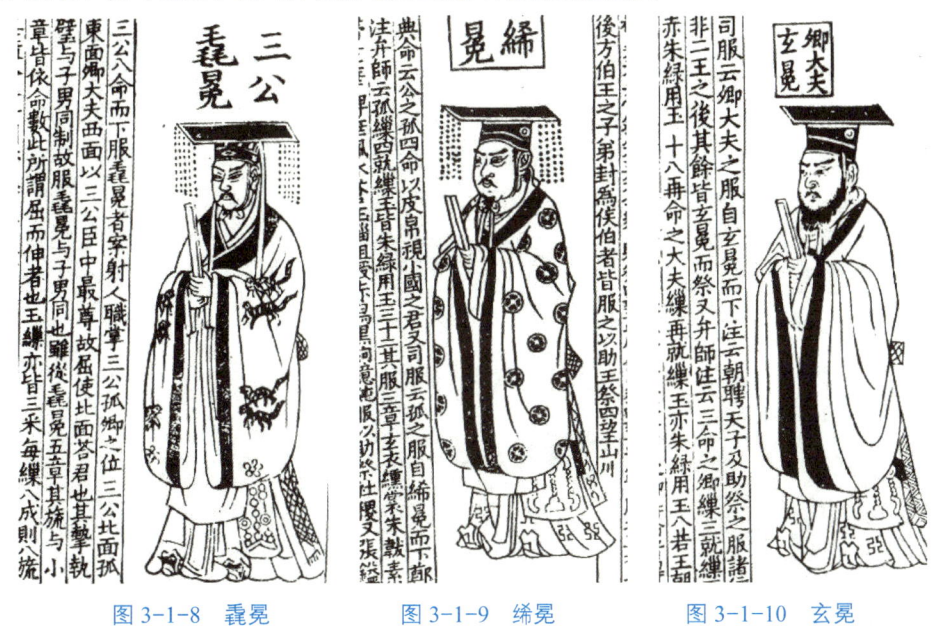

图 3-1-8　毳冕　　　　图 3-1-9　绨冕　　　　图 3-1-10　玄冕

（1）中单，是衬于冕服内的素纱衬衣（图3-1-11）。

图 3-1-11　素纱中单

（2）芾，即蔽膝（图3-1-12），是一种上窄下丰围裙式衣饰，最早用皮革做成。使用时，通过革带悬于腰下身前。《诗经·小雅·采菽》："赤芾在股，邪幅在下。"这种悬于身体下部的装饰不是随意的一种装饰，也是有其寓意的。

（3）大带，是系于冕服腰间的丝帛宽带（图3-1-13）。以素色为主，等级区分以带上不同的装饰为标志：天子素带，朱红色里，大带通饰滚缘；诸侯大带，素表里，饰有滚缘；大夫之带，素表里，带的前身部分和垂绅施以滚缘，带后不施；士练带，不加衬里，垂绅饰滚缘；居士锦带；学子缟带。

（4）冕服是礼服之首，要佩以高规格的组佩玉饰，称为大佩或杂佩（图3-1-14）。所谓大佩，就是一组玉佩饰，大佩的上部是一个长弧形玉叫作"衡"（也称作"珩"），衡下按一定比例下垂三条丝线，并都穿缀嫔珠；两侧珠线的底端各悬挂一半月玉饰叫作"璜"，衡与璜之间另悬挂一方形玉叫作"琚"；中间一条珠线底端悬挂的一枚椭圆形玉饰叫作"衡牙"，衡与衡牙之间又悬挂一枚圆形玉饰叫作"璃"，踽与两端的璜和其他玉件之间需用嫔珠相连接，由此组成大佩。大佩在使用时，在腰的两侧革带上各挂一副，据说走起路来，衡牙与两璜相互碰撞，会发出清脆悦耳的声响。

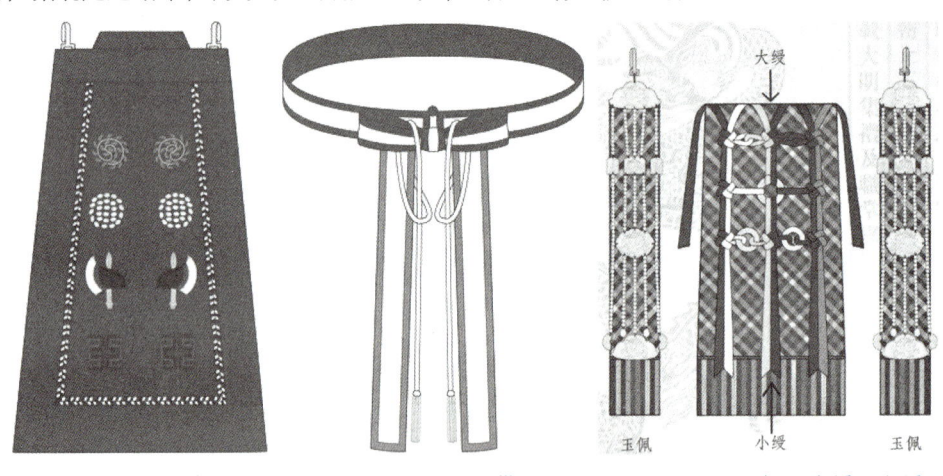

图 3-1-12 芾　　　　图 3-1-13 大带　　　　图 3-1-14 玉佩、小绶、大绶

（5）与冕服相配套的还有舄履，即鞋子。周朝设有专门的"履人"来管理王和后的鞋子，舄是双底的，履是单底的。王的舄分三等，赤舄为上，白舄、黑舄次之。王后的舄以玄舄为上，青舄、赤舄次之（图3-1-15）。

周代冕服制度的确定，是周代国家意志的具体反映，对中国古代服装的发展有着深远的影响。中国素有"礼仪之邦"的美誉，对礼仪非常重视。历代有关礼仪、礼典、礼制、礼教等方面的著作尤为丰富。先秦的礼仪以周代最为完整，且孔子非常推崇周礼，并将其发扬光大，成为以后历代统治者制定礼仪制度的典范。适应周代礼仪规范的周代

图 3-1-15 赤舄

冕服，也成为后代统治者祭祀典礼上衣冠服饰效仿的对象。虽然每代都有所变更，但其基本形式和内容基本没变，一直延续到封建社会后期。

四、冕服的作用

冕服的形制就是"天人合一"的具体表现，服饰结构上采用平面直线裁剪的方法进行裁剪，冕服的设计体现出了正直公正、包容万物的美德。冕服（图3-1-16）采用平面裁剪的方式，形成宽衣博袖的基本面貌，体现了古人在服饰设计和审美上所达到的高度和智慧，使冕服极具形式上的美感。

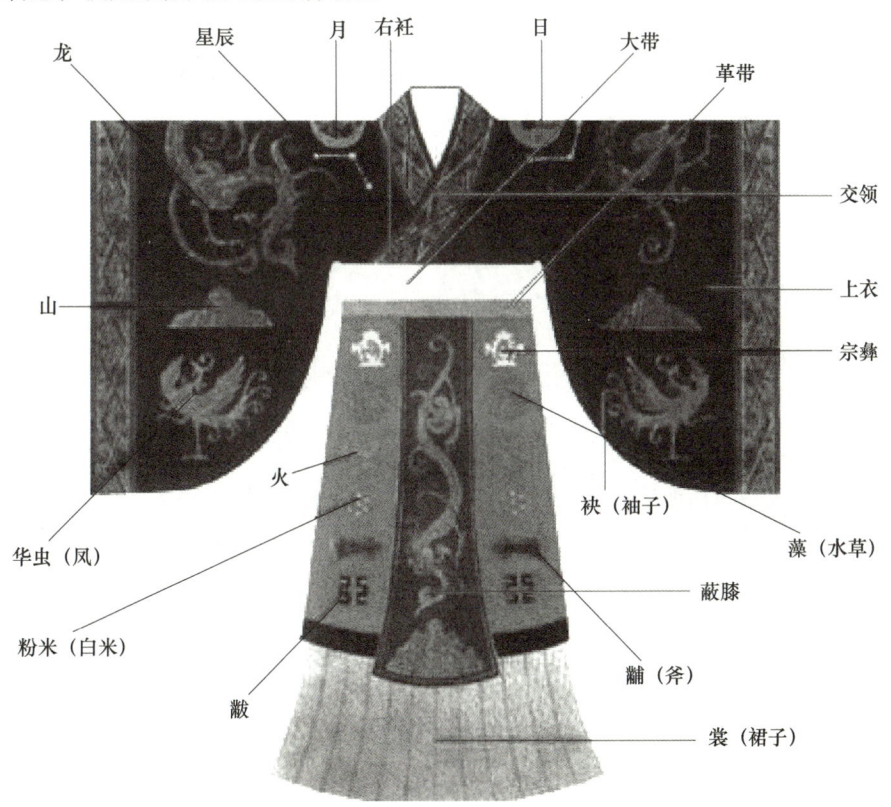

图 3-1-16　冕服的各部件与结构

服装的色彩是等级身份的象征，如黄色象征君权，而且从阴阳五行上说，黄色是土德，土与"中"相配，中国人通常以中为尊，所以，在中国传统文化中黄色是最尊贵的服饰颜色。中国服色制度反映着自然的色彩观念，与传统文化中"阴阳五行"有着密切的联系。冕服的色彩是上玄下黄，因为上有天、下有地，因此上衣与天相应，下裳与地相对应，冕服中玄黄的服饰颜色，是为了向天下臣民表明天子的政权是顺应天命、合乎天道的。因此，这里的上玄下黄的服色已经不仅仅是单纯物质上的颜色，而是有丰富的含义蕴含其中。上衣下裳的形式就是仿效天地而定的，上者为衣，下者为裳。衣裳的颜色同样如此，中国古代祭祀的礼服上衣的颜色要用青中略红的"玄"色，代表的是拂晓时的天空之色；而裳的颜色则选用赤黄的大地之色，称之为"纁"色；

古人称为"玄上𫄸下"（图 3-1-17）。《礼记·玉藻》："衣正色，裳间色。"汉代郑玄注："冕服，玄上𫄸下。"唐代孔颖达疏："玄是天色，故为正；𫄸是地色，赤黄之杂，故为闲色"

　　纵观冕服的基本内容，不难看出，冕服的政治文化隐义和政治功能已经完全超出了它的服饰功能。历史事实证明，冕服的文化象征意义随着时间的推移被不断强化，影响越来越广泛，成为中国古代服饰的主要标识，在古代君王统治和政治生活中发挥了积极的保障作用。

（a）　　　　　　　　　　（b）

图 3-1-17　冕服的色彩是上玄下黄

课后拓展

讨论

在现代服饰设计中，冕服的哪些功能可以借鉴与参考？

思考题

1. 什么是冕服？
2. 简述冕服"玄衣𫄸裳""十二章纹"的基本内涵。
3. 简述周代的冕服制度。
4. 简述冕服的设计理念与结构优势。

第二节　被体深邃——深衣

> **学习导入**
>
> 在流传千年的衣冠服饰中，最能代表中华民族的服装是深衣。其作为中华民族服装的代表，是继虞舜、夏商"上衣下裳"服饰之后而出现的另一种"上下连属"的长衣，是华夏民族传统服饰中最具影响力的一种袍服。从其产生的时代背景和演变过程来看，深衣是中华服饰之瑰宝，历史地位非同一般。它不仅是礼制的重要标志，更是华夏文明的重要载体之一，以其巨大的影响力，为中华民族服饰文化的发展奠定了坚实的基础。深衣是具有中华民族深刻文脉的服饰，是最能代表中华民族精神面貌的服饰，是具有中华民族独特风格的服饰。

一、深衣的起源

"深衣"一词最早来源于先秦经典《礼记》，其中记有"有虞氏皇而祭，深衣而养老。"《身章撮（cuō）要》又载："深衣，古者圣人之法服也，考之于经，自有虞氏始焉。"可见，深衣在虞氏时就已出现。在甘肃辛庄文化遗址中发现的一只彩陶盆上，画有较清晰的"深衣"形象，或许那时的深衣远不及后世深衣完善，但是与礼记的记载时间相差不远，可以说明原始社会晚期就已经出现了深衣形式。

沈从文先生在《中国服饰史》一文中指出，商代到西周，是中国奴隶社会的兴盛时期，也是区分等级的上衣下裳形制和冠服制度以及章服制度逐步确立的时期。在这样的社会背景下，到西周后期的春秋战国时代，我国出现了一种新颖而且成熟的服装样式，叫作深衣。比较普遍的观点认为，深衣产生于服装萌芽的周代，发展于服装成熟的战国，周代以前出现的"上衣下裳"形制只是深衣的雏形，真正的深衣是到周代时才出现的（图3-2-1）。

（a）　　　　　　　　　　（b）

图 3-2-1　商周时期的深衣

二、深衣的形制

郑玄曰："名曰深衣者，连衣裳而纯之以采者。"孔氏正义曰："所以称深衣者，以余服则，上衣下裳不相连，此深衣衣裳相连，被体深邃，故谓之深衣。"通俗地说，就是上衣和下裳相连在一起，用不同色彩的布料作为边缘，其特点是使身体深藏不露，雍容典雅。

《礼记·深衣》记载："古者深衣，盖有制度。以应规、矩、绳、权、衡。短毋见肤，长毋被土。续衽，钩边。"古时的深衣，遵循着一定制度，并有着极深的含意，如在制作中，先将上衣下裳分裁，然后在腰部缝合，成为整长衣，以示尊祖承古。袖根宽大，袖口收祛，象征天道圆融；领口直角相交，象征地道方正；背后一条直缝贯通上下，象征人道正直；下摆平齐，象征权衡；分上衣、下裳两部分，象征两仪；上衣用布四幅，象征一年四季；下裳用布十二幅，象征一年十二月。身穿深衣，自然能体现天道之圆融，怀抱地道之方正，身合人间之正道，行动进退合权衡规矩，生活起居顺应四时之序。

因为与"规、矩、绳、权、衡"五法相适应，故圣人穿着深衣（图3-2-2）。因为其代表了无私、正直、公平，所以天子和诸侯等贵族们"朝玄端，夕深衣。"

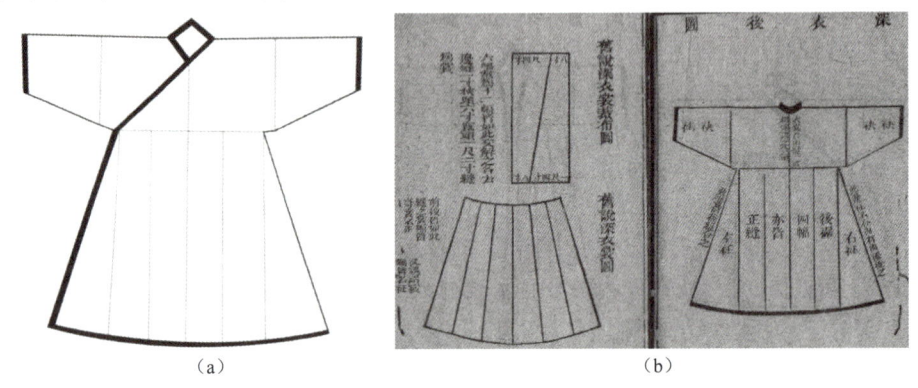

图 3-2-2 深衣的基本结构图

另外，深衣根据衣裾绕襟情况不同，可分为直裾和曲裾（图 3-2-3、图 3-2-4）。

图 3-2-3 曲裾深衣　　　　　图 3-2-4 直裾深衣

曲裾深衣后片衣襟接长，加长后的衣襟形成三角，经过背后再绕至前襟，然后腰部缚以大带，可遮住三角衽片的末梢。这一情况可能就是古籍资料提到的"续衽钩边"。"衽"是衣襟。"续衽"就是将衣襟接长。"钩边"应该是形容绕襟的样式。曲裾出现，与汉族衣冠最初没有连裆的罩裤有关，下摆有了这样几重保护就符合理并合礼得多。因此，曲裾深衣在未发明裤的先秦至汉代较为流行。男子曲裾的下摆比较宽大，以便于行走；而女子的则稍显紧窄，从出土的战国、汉代壁画和俑人来看，很多女子曲裾下摆都呈现出"喇叭花"的样式。慢慢地，男子曲裾越来越少，曲裾作为女子衣装保留的时间相对长一些。直到东汉末至魏晋，女子深衣式微，襦裙始兴，曲裾深衣也几乎销声匿迹。

三、深衣的历史发展与演变

从东周时期到明末清初,深衣一直是代表中华民族传承的社会主流服饰。春秋战国时期的曲裾与直裾、魏晋时期的大袖长衫、隋唐时期的宽袍、宋代的襕衫、元代的长袍、明代的补服、清代的旗袍都是古代上衣下裳相连的深衣制发展演变,可见深衣的影响深远。

1. 东周时期

深衣始创于东周,并广泛流传,不分阶级,自天子至庶民,男女皆服。其特点为曲裾绕襟、方领圆袖、续衽钩边。一时间,深衣成为穿着最为广泛的服装(图3-2-5)。

2. 春秋战国时期

春秋战国时期,形成百家争鸣的局面。其中以儒家学派的影响最广,深衣的形制是符合儒学的礼制的。它将左侧衣襟的前后片缝合,并将后片衣襟加长,状似三角,着装时将衣襟绕至背后,再用腰带束紧。静立时自然下垂贴合人体,走动时裙裳内部有足够的活动空间,丝毫不束缚脚步。这样的处理不仅符合礼制要求,起到遮掩的作用,又简单实用,操作便利且穿着舒适、便于行走,也更加符合审美的需求,样式新颖,既丰富了平面,又有立体的效果(图3-2-6~图3-2-9)。

图3-2-5 东周玉佩深衣

先秦服饰

图3-2-6 江陵楚墓深衣　　图3-2-7 信阳楚墓深衣 　　图3-2-8 战国烛奴深衣 　　图3-2-9 战国中山王墓人形铜灯深衣

随着服装的不断发展,形制日趋完善。直裾深衣变身为"袍"。与曲裾深衣相比,直裾深衣的衣襟下摆是竖直的,而不是三角形衣襟的缠绕形式。直裾深衣多为男子穿着,显得干脆利落、庄重规矩。女子服制则继续以曲裾深衣为主。

深衣自出现之日起就备受爱戴，成了上至天子、诸侯、大夫、士人们除祭祀、朝会外的日常服装，下至平民百姓们的礼服。贵族深衣多用彩帛来制作，而领、袖、襟、裾等边缘部位以彩锦镶边（图3-2-10）。这一在审美上的突破，起到了以色彩丰富层次、以装饰美化深衣的作用。

3．秦汉时期

图 3-2-10 春秋战国时期贵族的深衣

秦代冠服制度没有沿袭周礼，礼服的形制以"袍"为主。汉武帝时期"罢黜百家，独尊儒术"，"深衣"作为"礼服"在服饰上的"礼制"地位最终确立。汉代深衣又称为"五（时）色衣"，冠服典制作出了新的规定，限定了深衣的适用范围和着色。依照天时节气的变化，春用青，夏用朱，季夏用黄，秋用白，而冬用黑。汉代男子服制还是曲裾、直裾两种。曲裾深衣继续沿袭战国时期流行的式样，但只多见于西汉早期，东汉时期就渐渐淡出人们的视线。这是由于裈的出现带来的服饰变革，裈是一种有裆的短裤。因此，曲裾深衣的遮掩功能就失去了实用价值，被直裾深衣所取代；直裾深衣继承了楚袍的形式，既有大汉的雄伟大气之风，又有楚文化的灵秀飘逸，浪漫多姿，在东汉时期广为流行，但已不能作为正式礼服出席社会活动。

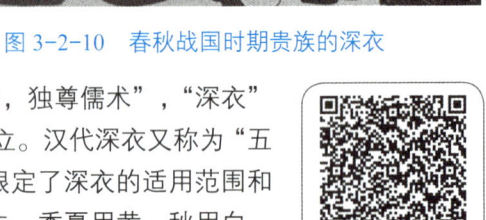

秦汉时期服饰

汉代深衣发展逐渐趋于女性专有服饰，据《后汉书》记载："太皇太后、皇太后入庙服，绀上皂下，蚕，青上缥下，皆深衣制，隐领袖缘以绦。"说明女性以深衣作为朝服，通过不同的颜色、质地、纹样和佩绶等区分身份。后期礼制对女子的规范日益增多，在形式上，曲裾超出正常的需要，不仅衣襟延长，还在腰节处缠绕数圈之多；在外观上，通身紧窄，领、袖、襟等部位更注重装饰性，以特色图案花纹彩锦镶边。底摆富于变化，长可曳地，宛如盛开中的喇叭花遮掩住双足。衣领处很有特色，领口开得很低，可以露出几层里衣，极富层次感。因里衣最多可达三层以上，故称为"三重衣"（图3-2-11～图3-2-14）。

图 3-2-11 汉代男子曲裾深衣 　　　　图 3-2-12 汉代女子宽袖绕襟曲裾深衣

图 3-2-13　汉代女子窄袖绕襟曲裾深衣 　　　　图 3-2-14　穿三重深衣的妇女（加彩陶俑）

4. 魏晋时期

魏晋时期是中国历史上一个动荡不安的时期，整个中原地区硝烟弥漫，战乱不断。百姓为了躲避战火，纷纷迁移，带来了服装服饰上的交流。在动荡的背景下，传统礼教分崩离析，以儒学为主体的礼制的瘫痪，使得饱学之士们思治而不得，最终从循规蹈矩走到离经叛道，追求老庄的清静无为与养生之道，隐隐带有颓废的隐士之风。这时的深衣已逐渐走向衰落，男子已不着深衣，而受玄学思想的影响，袒胸赤足，敞领宽衫，蔑视礼法，毫无以前读书人的规矩风范，这无疑是借此发泄对时事的不满。图 3-2-15 所示为魏晋名士竹林七贤。

图 3-2-15　魏晋名士竹林七贤

当时的政治背景和文化氛围，使得魏晋名士们很注重人的内在精神，充分追求自我，讲求脱俗的风貌，反对浮浅华丽的外表。这种新的审美观念影响并改变了整个社会的审美习惯，给南北朝时期的服装带来了新风尚，形成了魏晋服装的特点。

此间，大袖衫以其博大与洒脱独领风骚，受到南朝各阶层男子喜爱（图 3-2-16）。它是在深衣的基础上发展起来的，形制与袍相仿，只是袖口不同，袖口有祛者为袍，无祛者为衫。由于不受衣祛等约束，魏晋服装日趋宽博。"凡一袖之大，足断为两，一裙之长，可分为二"。上至王公名士，下及黎庶百姓，皆以宽衫大袖、褒衣博带为尚。

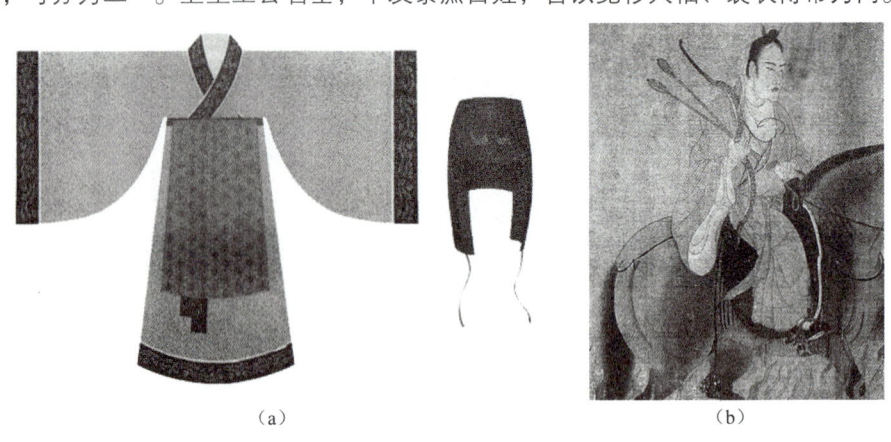

（a） （b）

图 3-2-16 魏晋男子大袖衫

同时，深衣在女装中仍然可见，但这个时期的形制有了明显的变化，并形成独特风格，被称为"杂裾垂髾"服。其主要变化在下摆部位。通常将下摆裁成三角形，上宽下尖，层层叠起。围裳中伸出腰带，飘带较长拖地，走路时垂髾随风轻扬，摇曳生姿，似仙人踏云而至，故有"华袿飞髾"之说。南北朝时，没有了飘带，尖角的燕尾大大加长，使两者合为一体（图 3-2-17）。

（a） （b）

图 3-2-17 魏晋女子"杂裾垂髾"服

深衣尽管失宠于魏晋时期，但对后世服装的影响深远，以后的历代服装形制都曾出现过类似或仿制的样式。例如，从周朝到清朝的历朝龙袍，唐朝的袍下加襕、长裙，元朝的质孙服，明朝的曳撒，清朝的满族旗袍，民国的改良旗袍，20 世纪 50 年代的布拉吉，蒙古族和藏族的袍服，日本的和服，以及时下的连衣裙、睡袍等。

5．唐宋时期

唐代是中国历史上的鼎盛时期，服制的发展也十分迅速，盛唐时期，社会政治、经济、文化的全面发展，为服饰制度的改革和发展提供了有利的条件。这一时期的中国文化进入了气度恢宏、史诗般壮丽的时期。英国学者威尔斯在《世界简史》中说："当西方人的心灵为神学所痴迷而处于蒙昧黑暗之中时，中国人的思想却是开放的、兼收并蓄且好探求的。"唐文化兼容并蓄了外域文化，上承历史冠服制之源头，下启后世冠服制之径道，融合外域服饰的特点，形成了鲜明特色的唐服。

唐代马周对深衣进行改革，于其下着襕及裙，名为襕袍、襕衫。这是一种上衣下裳相连属的服装形式，是受胡服的影响而形成的，而又不失汉族服饰传统，与深衣制有相同之处，即上衣下裳相连属。不同之处在于，深衣为交领、大袖，领、袖、襟均有缘饰。襕袍、襕衫则是圆领、窄袖，领、袖、襟均没有缘饰，为士人之上服，也为一般之常服（图 3-2-18、图 3-2-19）。

图 3-2-18　唐代袍服基本样式

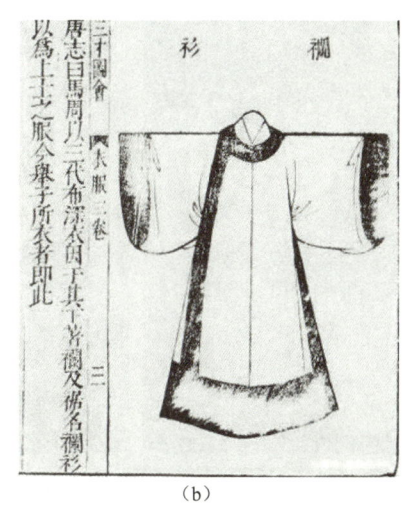

图 3-2-19　唐代襕袍、襕衫

一般庶民或卑仆等下层人劳动所穿的服装，是在袍、衫胯部以下开衩，称为缺胯袍与缺胯衫。这种袍衫利于行动，其形制为圆领、窄袖、缺胯，衣长至膝下或及踝，内着小口裤。劳作时，可将衫子一角掖于腰带间，又谓之"缚衫"（图3-2-20）。武则天统治时期，在袍衫之上绣以"铭文"作为纹饰的官服，称为铭袍、铭衫。形制为右衽，圆领、大袖。前有鸟兽纹饰，背有铭文，根据品级高低和文武官职不同而纹饰不同。文官绣禽，武官绣兽。

图 3-2-20　缺胯袍与缺胯衫

宋代服装继承自晚唐五代，但与唐不同的是：衣袖改为汉族传统的宽大形式，除去了晚唐带有伊朗风格的窄袖，这也标志着汉族文化对其影响的增强。宋代的服饰与唐相比，其常服贴近日常生活及世俗化，因此更具实用性、生命力和延续性。据《宋史·舆服志》记载，宋代男子服饰以襕衫为主，它是一种圆领大袖白长衫，腰间有襞积，多用白色细麻布制成，由于前裾有一道称作襕襈（zhuàn）的横线，故称为襕衫（图3-2-21）。除襕衫外，宋代男服还有紫衫。紫衫造型短而窄，其制为圆领，窄袖，前后缺胯，形如裤褶，色为深紫。

（a）　　　　　　　　（b）

图 3-2-21　宋代男子襕衫

6. 辽金元时期

辽代的服装以长袍为主，男女同制，但是一般为长袍左衽，圆领窄袍，袍上有纽袢，袍带系于胸前，下垂至膝。女子袍较男子的长，袍内着裙。男子穿裤，裤管放于靴筒之内，女子亦着长筒靴。一般长袍的纹样较朴素，而贵族长袍则比较精致，绣有龙凤、桃花、水鸟、蝴蝶等。龙凤本为汉族的传统纹样，出现在契丹服饰上，反映了两族文化的相互影响。袍料大多为兽皮，如貂、羊、狐等，其中以银貂裘衣最为尊贵，多为辽贵族所穿着。图3-2-22为辽代北班（契丹国服）服饰。

（a）　　　　　　　　　　（b）

图 3-2-22　辽代北班（契丹国服）服饰

金代服饰与辽代颇有相似之处。百官常服，用盘领、窄袖，在胸膺间或肩袖之处饰以金绣花纹，以春水秋山等景物作纹饰。金代服饰基本保留了女真族服装的特点。男子常服通常由四部分组成，即头裹皂罗巾，身穿盘领衣，腰系吐鹘带，脚登马皮靴。图3-2-23为金代贵族服饰。

（a）　　　　　　　　　　（b）

图 3-2-23　金代贵族服饰

元代的服装也以袍服（图 3-2-24）为主，其中较有特色的为质孙服（图 3-2-25），凡内廷大宴都服之。冬夏不同，也无一定制度，凡勋戚大臣、近侍赐则服之。下至乐工、卫士亦都着之。质孙服虽有精与粗、上与下的分别，但总称为质孙服。质孙服的形制是上衣连接下裳，衣式较紧窄且下裳亦较短，在腰部作许多襞积，并在其衣的肩背间贯以大珠。质孙服本为戎服，便于乘骑，这在元代的陶俑及画中都可以见到。

图 3-2-24　元代袍服　　　　　图 3-2-25　元代质孙服

7．明清时期

明初禁胡服、胡姓、胡语，明朝对整顿和恢复传统的汉族礼仪十分重视，并废弃了元朝服制，根据汉族的传统服饰文化，上采周汉，下取唐宋，规定了新的服饰制度。洪武元年（1368 年），学士陶安等人提议根据传统服制重新制定皇帝礼服。洪武三年（1370 年）冠服制度初步形成。明代服饰恢复了传统的袍衫形制，创出了有明代特色的服装，如龙袍、蟒袍、飞鱼服、斗牛服、麒麟服等（图 3-2-26～图 3-2-32）。其中的飞鱼服较为特别，服装上饰有飞鱼图案，正面和背面图案排列相同。飞鱼服是补色为飞鱼的袍服，飞鱼并不是现在所说的海鱼，而是一种近似龙首、鱼身、有翼的虚构形象。飞鱼类蟒，亦有二角。所谓飞鱼纹，是作蟒形而加鱼鳍鱼尾为稍异，非真作飞鱼形。《山海经·海外西经》："龙鱼陵居在其北，状如狸（或曰龙鱼似狸一角，作鲤）。"因能飞，所以一名飞鱼，头如龙，鱼身一角，服式为衣分上下两截相连，下有分幅，二旁有襞积。飞鱼的神性是"眼之不畏雷"，飞鱼与雷神存在着某种联系，它具有雷神的神性和神力。飞鱼服是次于蟒袍的一种隆重服饰。飞鱼服只有皇帝的心腹可穿，它是一种荣耀的标志，仅次于蟒衣。

明代服饰

（a）　　　　　　　　　（b）

图 3-2-26　明代袍服

(a) (b)

图 3-2-27　五爪龙袍

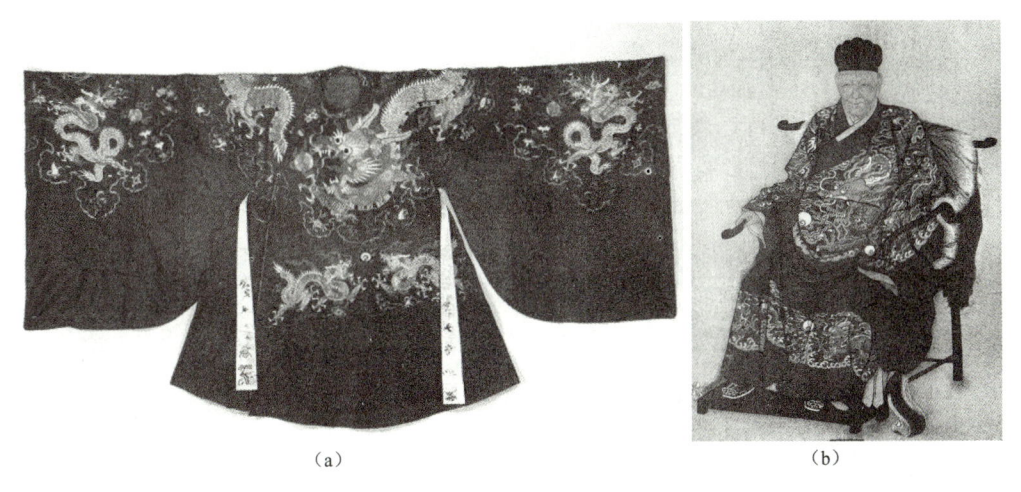

(a) (b)

图 3-2-28　四爪蟒袍

(a) (b)

图 3-2-29　飞鱼服

(a)　　　　　　　　　　　　　　(b)

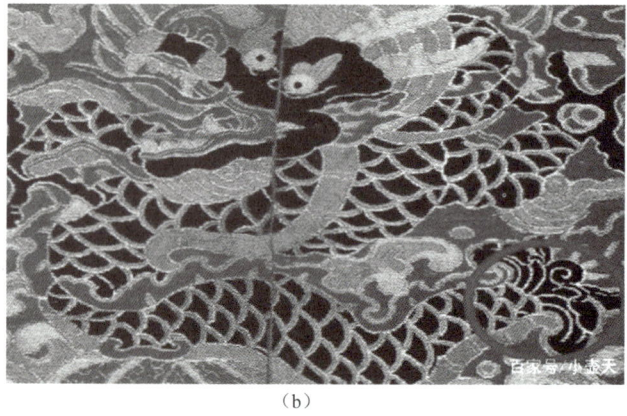

图 3-2-30　飞鱼服的鱼尾巴

图 3-2-31　斗牛服　　　　　　　图 3-2-32　麒麟服

  清代满族在入关之前，有他们自己的生活方式和服饰文化，与明代的文化及服饰截然不同。顺治元年（1644年），清兵入关，随着政治、经济、军事的进一步巩固，剃发令和改冠易服随之而来。这个举动引起汉族人民强烈的抵制。清朝政权改变策略，吸收了明朝冠服制度中的某些成分，纳入清朝服制，并采纳明朝遗臣金之俊的"十从十不从"建议，使得妇、孺、隶、伶、婚、丧等不受限制。满族服饰在不失其传统特征的前提

下，吸收了大量汉族服饰的元素，丰富了自己的服饰文化。而汉族服饰在其早已成熟、定型的基础上，融进了其他民族元素，呈现出崭新的面貌。这就是不同文化在碰击融合之中放出的异彩、结出的硕果。

袍服是清代的主要服饰，以袍衩区别尊卑，袍开衩的数量由穿着者的身份而定，官吏开两衩，皇后宗室前后左右开四衩。清代袍服（图3-2-33）的最大特点是改革了历代的宽衣大袖，而创造出适合实用需要的衣袖形式——马蹄袖。马蹄袖即袖口的出手处上长下短，上长可盖住手背利于保暖，下短则便于拿取东西，这种窄小的马蹄袖服装更便于跨马，驰骋疆场。此外，此袖也含常备不懈之意，体现了统治阶级在服装上的实用审美准则。这种既具有民族风格又符合实用原则的服装形式，是满族服装改革的成功范例。

清代服饰

(a)   (b)

图 3-2-33 清代袍服

四、朱子深衣

宋代著名学者朱熹所著《朱子家礼》记载考证的深衣，是朱熹对《礼记》深衣篇所记载的深衣自我认识和研究的产物。

朱子深衣的结构特点为：直领（没有续衽，类似对襟）而穿为交领，下身有裳十二幅，裳幅皆梯形。朱子深衣的每一个细节都融入了礼仪教化的理念。上衣二幅，屈其中为四幅，代表一年有四季；下裳六幅。用布六幅，其长居身三分之二，交解之，一头阔六寸，一头阔尺二寸，六幅破为十二，由十二片布组成，代表一年有十二个月，体现了强烈的法天思想；衣袖呈圆弧状以应规，交领处成矩状以应方，代表做人要规矩，所谓无规矩不成方圆（也为"天圆地方"）；后背处一条中缝从颈根到脚踝垂直而下，代表做人要正直；下襟与地面齐平，代表着权衡。像朱子深衣这样将文明融入与人们最贴身的衣饰之中，正是我们华夏民族的民族服装的独特之处（图3-2-34、图3-2-35）。

朱子深衣的影响很大，日韩服饰中有部分礼服就是在朱子深衣制度的基础上制作的（图3-2-36）。

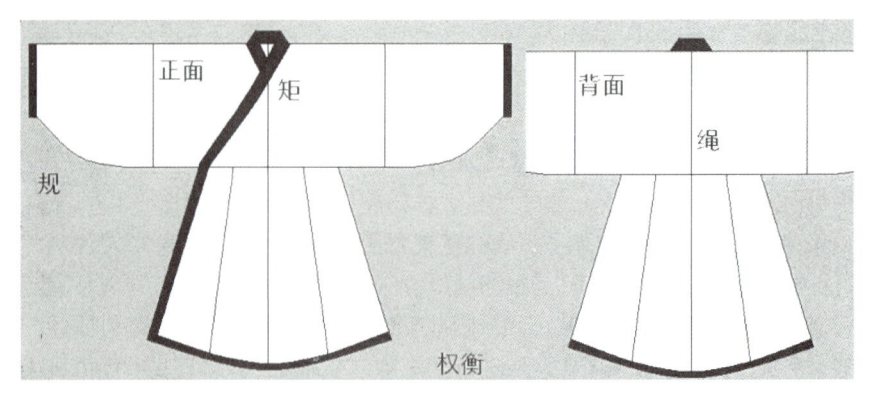

图 3-2-34　朱子深衣基本形制图

图 3-2-35　着朱子深衣的男子 　　图 3-2-36　日本流传的朱子深衣

五、深衣的特色

《白虎通》中所言："衣者，隐也。裳者，彰也。所以隐形自障闭也。"中国古代服饰并不强调身体本身立体感所呈现的美，而是刻意将这种立体感隐藏起来，以衣裳的直线代替人体本身的曲线。因而，古人并不追求衣服本身与身体的服帖，而是追求宽衣博带的飘逸感与流畅的整体形象。

深衣的"深"字取其"衣裳相连，被体深邃"之意，其长无曳地，短无露肤，完全是量体裁衣，极好地保护了身体与心灵的私密性。深衣顺着身体直线而下，隐藏身体的同时，却凸显了人体的修长挺拔。圆袂的圆则缓和了直线型身体的刚，而加入了曲柔之感。束腰则更加强了身体与衣服的亲和力，呈现出人体美。这里可以借用刘勰的隐秀理论来说明深衣形制的美感。刘勰以"深文隐蔚，余味曲包""动心惊耳，逸响笙匏"总论隐秀。隐不是无尽的隐藏，秀也不是一眼尽收的快感。隐虽含蓄却也尽包蔚然之景秀——由隐所显现、跳出的光辉灿烂的形象。秀虽光辉灿烂却由深隐而发，如余音绕梁三日不绝。深衣的隐与秀赋予了人体极有活气而又肃静的平衡。

深衣以宽大而遮蔽避暑，且走动起来习习生风。以苎麻面料做成，吸汗。宽大的深衣遮蔽日光直接照射，所以，比裸露着更凉爽，且不伤害皮肤；衣服并非那么紧得贴在身上，中衣与外衣之间空隙较大，就像暖壶胆中的中空一样起降温作用。以阿拉伯长袍为例，盛夏，沙特阿拉伯浩瀚的沙漠地带温度高达 40 ℃～50 ℃，可当地居民穿着宽大的阿拉伯长袍在热浪灼人的沙漠上行走却显得气定神闲，若无其事。沙特阿拉伯的服装设计研究专家认为，阿拉伯长袍的设计对创造长袍内舒适的微小气候起着很好的调节作用。

深衣制造方法之先进，织品之精湛，制造工艺之复杂，品种之繁多，都属世界罕见，成为中国服饰文化中的奇葩。时至今日，对于曾经中国古代地位超然的深衣，我们多数人还了解不多，甚至知之甚少，这对保护和继承深衣都是极其不利的。我们要承担起传播本民族优秀文化的重任，为复兴华服而努力，让深衣重新焕发青春的光彩。

课后拓展

讨论

如何合理的利用与开发深衣，为复兴华服而努力，让深衣重新焕发青春的光彩？

思考题

1. 什么是深衣？
2. 简述深衣的形制与特点。
3. 简述深衣的历史发展与演变。
4. 简述朱子深衣的设计理念与结构特点。

第三节　长裙雅步——襦裙

学习导入

襦裙是我国服饰史上最早也是最基本的服装形制之一。襦，短衣也。即上衣。襦裙由短上衣加长裙组成，即上襦下裙式。襦裙的实物可追溯到战国时期，终结于明末清初，是中华民族传统服装最基本的形式。其间多年，尽管长短宽窄时有变化，但基本形制始终保持着最初的样式。

一、襦裙的发展与演变

上身穿的短衣和下身束的裙子合称襦裙,是典型的"上衣下裳"衣制。上衣叫作"襦",长度较短,一般长不过膝,下身则叫作"裙"。可见,襦裙其实是两种衣物的合称。襦裙出现在战国时期,兴起于魏晋南北朝。直到明末清朝前都是普通百姓(女性)的日常穿着服饰(图3-3-1)。

(a)　　　　　　　　　　　　　(b)

图3-3-1　战国时期的襦裙

上襦下裙的女服样式,早在战国时代已经出现。

到了汉代,由于深衣的普遍流行,穿这种服饰的妇女逐渐减少。据此,有人认为汉代根本不存在这种服饰,只是到了魏晋南北朝时才重新兴起。其实,汉代妇女并没有摒弃这种服饰,在汉乐府诗中就有不少描写。这个时期的襦裙样式,一般上襦极短,只到腰间,而裙子很长,下垂至地。襦裙是中国妇女服装中最主要的形式之一。自战国起直至明朝,前后两千多年,尽管长短宽窄时有变化,但基本形制始终保持着最初的样式。

魏晋南北朝时期的襦裙继承了汉朝的旧制,主要还是上襦下裙。上襦多用对襟(类似现代的开衫),领子和袖子喜好添施彩绣,袖口或窄或宽;腰间用一围裳称其为"抱腰",外束丝带;下裙面料比汉代更加丰富多彩。随着佛教的兴起,莲花、忍冬等纹饰大量出现在服装上,女裙讲究材质、色泽、花纹鲜艳华丽,素白无花的裙子也受到欢迎。魏晋时期裙腰日高,上衣日短,衣袖日窄;后来又走向另一极端,衣袖加阔到二三尺(图3-3-2、图3-3-3)。

(a) (b)

图 3-3-2　魏晋南北朝早期的襦裙

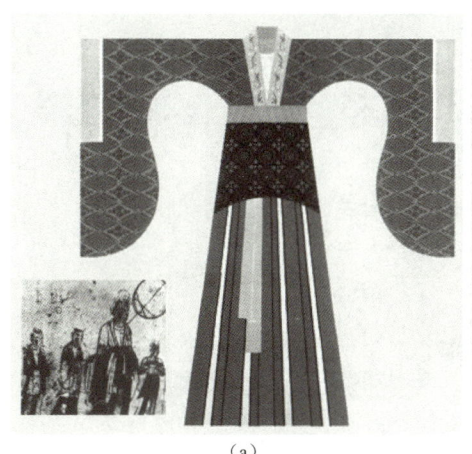

(a) (b)

图 3-3-3　魏晋南北朝晚期的襦裙

隋唐五代时，上衣为短襦，半臂（属于罩衫。半臂形制如同今短袖衫，因其袖子长度在长袖与裲裆之间，故称为半臂）与披肩（属于配饰）构成当时襦裙的重要组成部分。隋代，上襦又时兴小袖。唐代长期穿用小袖短襦和曳地长裙，但盛唐以后，贵族衣着又转向阔大拖沓。裙的式样用四幅连接缝合而成，上窄下宽，下垂至地，不施边缘。裙腰用绢条，两端缝有系带。这时，上襦的领口变化多样，其中袒胸大袖衫一度流行，展示了盛唐思想解放的精神风貌。披肩从狭而长的披子演变而来，后来逐渐成为披之于双臂，舞之于前后的飘带，这是中国古代仕女的典型服饰，在盛唐及五代最为盛行。下裙面料以丝织品为主，以多幅为佳，裙腰上提，此时裙色鲜艳，多为深红、绛紫、月青、草绿等，其中以石榴红裙流行的时间最长，色彩多样，多中求异，让人眼花缭乱，目不暇接。如唐中宗的女儿安乐公主的百鸟裙，堪称中国织绣史上之名作；武则天时的响铃裙，将裙四角缀十二铃，行之随步，叮当作响，可谓千姿百态，美不胜收，与短襦和披肩相配一体，尽显盛唐女子雍容华贵的丰腴风韵，表现出极富诗意的美与韵律（图3-3-4～图3-3-7）。

(a) (b)

图3-3-4　唐代襦裙

图3-3-5　唐代半臂襦裙　　　　　　图3-3-6　隋代半臂襦裙

图 3-3-7　唐代壁画中的披肩襦裙

两宋时期，在程朱理学"存天理、灭人欲"的思想影响下，这一时期服装一反唐朝的艳丽之色，形成淡雅恬静之风。此时除上襦外，女性罩衫流行"褙子"，下裙时兴"千褶""百叠"，腰间系以绸带，裙色一般比上衣鲜艳，其中老年妇女和农村女子多穿深色素裙。裙料多以纱罗为主，绣绘图案或缀以珠玉，当时还出现了前后开衩的"旋裙"及相掩以带束之的"赶上裙"。在裙子中间的飘带上常挂有一个玉制的圆环饰物——"玉环绶"，用来压住裙幅，使裙子在人体运动时不至于随风飘舞而失优雅庄重之仪。图 3-3-8、图 3-3-9 为宋画中的襦裙。

元代，襦裙基本上沿袭宋代遗制，但色彩比较灰暗（图 3-3-10）。

（a）　　　　（b）

图 3-3-8　宋画中的襦裙

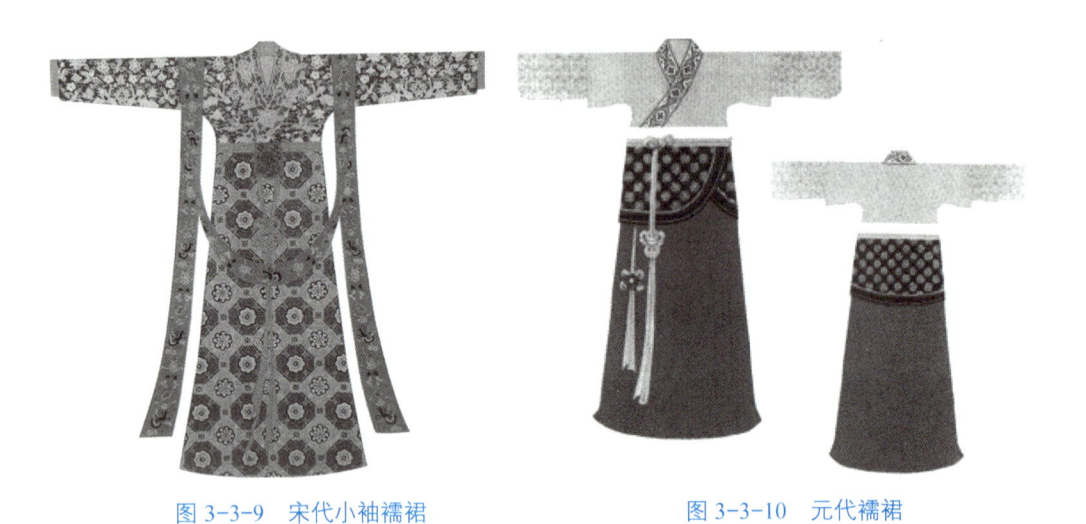

图 3-3-9　宋代小袖襦裙　　　　　　　图 3-3-10　元代襦裙

  明代流行袄裙（襦裙的演变），在明墓均有出土；交领中腰襦裙为日常百姓穿着（如丫头、农妇等）。上襦为交领、长袖短衣，裙内加穿膝裤（套裤）。裙子的颜色，初尚浅淡，虽有纹饰，但并不明显。至崇祯初年，裙子多为素白，刺绣纹样也仅在裙幅下边一、二寸部位缀以一条花边，作为压脚。裙幅初为六幅，即所谓"裙拖六幅湘江水"；后用八幅，腰间有很多细褶，行动辄如水纹。到了明末，裙子的装饰日益讲究，裙幅也增至十幅，腰间的褶裥越来越密，每褶都有一种颜色，微风吹来，色如月华，故称为"月华裙"。图 3-3-11 为明代襦裙。

（a）　　　　　　　　　　　　　　　（b）

图 3-3-11　明代襦裙

二、襦裙的形制

  襦裙的形制，以裙腰之高低，可以将襦裙分为齐腰襦裙（图 3-3-12）高腰襦裙（图 3-3-13）、齐胸襦裙（图 3-3-14）。以领子的式样之分，可以将襦裙分为交领襦裙（图 3-3-15）和直领襦裙（图 3-3-16）。按是否夹里的区别，可以将襦裙分为单襦和复襦，单襦近于衫，复襦则近于袄。

图 3-3-12　齐腰襦裙　　　图 3-3-13　高腰襦裙　　　图 3-3-14　齐胸襦裙

图 3-3-15　交领襦裙　　　图 3-3-16　直领襦裙

直领襦裙多配以诃子或抹胸。腰带用丝或革制成，起固定作用（汉服没有像和服的宽腰带的式样）。

宫绦以丝带编成，一般在中间打几个环结，然后下垂至地，有的还在中间串上一块玉佩，借以压裙幅，使其不至散开影响美观。

裙从六幅到十二幅，有各种颜色及繁多的式样。

与其他服装形制相比，襦裙有一个明显的特点：上衣短，下裙长，上下比例体现了黄金分割的要求，具有丰富的美学内涵。同时，它们有一个共同的特点：平面裁剪，多缘边，绸带系结；上襦变化主要在领型及门襟上，下裙长至鞋面。大凡衣短则裙长，衣短至腰间，裙长至脚踝骨之下；衣长则裙阔，衣长时，长到臀至膝下，而裙露仅几寸，裙子不必显出特色，襦裙忌讳上下平分秋色，会显得呆板少变化。

三、襦裙与其他服装的区别

1. 襦裙与韩服

韩服（朝鲜服）的女装也分为上襦下裙。上襦为小灯笼袖斜襟短衣，以花结襻带系合；下裙为高腰长裙，少女为筒裙式，婚后缠裙式。韩服的式样源自明代女子的襦裙，但是在清代以后，汉服在中国绝迹，朝鲜族便在明代襦裙的基础上自行发展，在细节上已经走样，所以也不可将韩服女装称作襦裙。

韩服源起华服，它们很相似，但是还是有区别。韩服的交领上有一条长长的系带，这是韩服的特征。因此，在外观上一眼就能看出（图3-3-17）。

（a）　　　　　　　　　　（b）

图3-3-17　韩服

2. 襦裙与曲裾

襦裙和曲裾分属于汉服的两个不同类别，曲裾属于深衣制。所谓深衣，即上下分裁，再上下缝合。而襦裙并不将襦和裙缝合，所以两者不可等同。襦裙的下裙也无类似曲裾的绕襟式样，在目前汉服复原中多见有跟风者将两者混淆。

3. 襦裙与衫裙

上衣下裳的套裙，即为衫裙，约流行于魏晋时期。衫裙和襦裙的区别在于：襦裙是上襦在下裳里面，而衫裙为对襟，上衣较长，在下裳外面，并用腰带束之。

4. 襦裙与袄裙

袄裙约起源于明初，为交领，至腋下束带，上衣较长，也在下裳外，但不用腰带束之，两边开衩，有中缝，配以百褶裙或马面褶裙。

课后拓展

讨论

讨论并绘制唐代襦裙的平面图、效果图与分版图。

思考题

1. 简述襦裙的基本样式。
2. 简述襦裙的形制与特色。
3. 简述襦裙的历史发展与演变。
4. 简述襦裙与其他服装的区别。

第四节 月蓝素色——袄裙

学习导入

袄裙，是对古代汉族女子上身穿袄，下身穿裙的统称。裙袄着装，从唐代开始就有记录，一直到民国。现代一般谈论袄裙时候指的是明代的裙袄着装。有人对于袄裙定义为上衣穿裙子外袄裙，实际是比较错误且模糊的定义，因为有明一代，衫子也照样外穿，东晋十六国陶俑也显示此时代襦是穿于裙外的。所以，不能以是否外穿定义袄裙，而应该以上身穿袄，下身穿裙的基本语境来定义袄裙一词。华服中"袄裙"一般指的是"明制袄裙"。

一、袄裙的发展

早期汉服上衣多称为"襦"，魏晋以后多用"袄""衫"，唐以后"襦"字逐渐被

"袄""衫"替代。在漫长的演变中，它们的具体意思和细节都会有差别，目前普遍认同的是"袄"为有衬里或夹层的上衣，"衫"为单衣。袄裙盛行于明朝，清朝汉女装继承了大体款式。袄裙的款式也影响了朝鲜宫样以及中国其他民族。袄裙的发明：因明朝遇上寒冷期，整年天气寒冷，衣服加厚，故不易于将上衣系扎于裙内。袄裙上衣交领右衽，至腋下束带，上衣较长或短，也在下裳外，但不用腰带束之，两边开衩，有中缝，配以百褶裙或马面褶裙（图3-4-1）。

（a） （b）

图3-4-1 明代袄裙

明制女袄、女衫较有特色，外衣多为收袖口的琵琶袖，袖口可有缘边，领子加护领（图3-4-2）。下裙多配马面褶裙和普通褶裙。女袄衫长度有长有短，有交领、竖领、方领、对衿等。很多人认为衣掩裙的打扮只在明代存在，其实这种穿法在宋代及以前的壁画中就很常见。无论是衣在内还是衣在外，上衣下裙的两截样式，都是汉族女装区别北方少数民族女装的一大特点。

到了民国时期，袄裙仍是上衣下裳的制式。长袄为高领、窄袖；短袄为低领、宽袖，袖长齐肘，袖口肥大宽直。下摆有直襟、大襟和偏在右襟自领而直下的斜襟等。这时，袄的裁制比较紧体，通常配穿马面裙等长套裙，并喜作彩绣装饰（图3-4-3）。

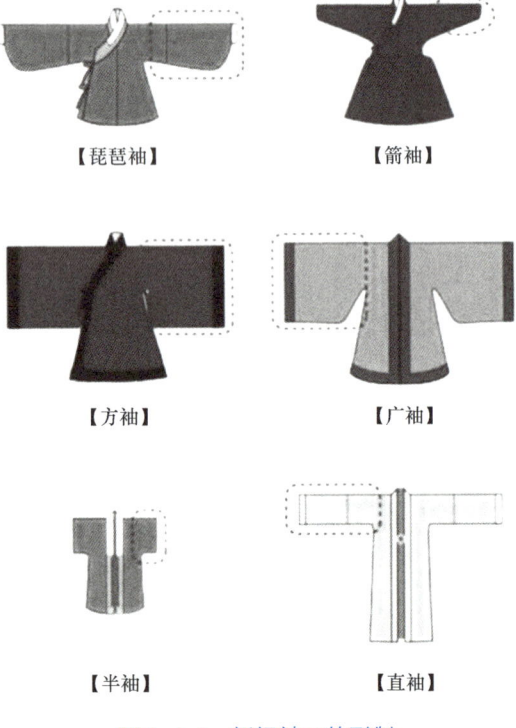

【琵琶袖】 【箭袖】

【方袖】 【广袖】

【半袖】 【直袖】

图3-4-2 袄裙袖口的形制

（a） （b）

图 3-4-3　民国袄裙

二、袄裙的形制特征

袄从唐代开始大量出现，替代襦成为日常的冬季御寒衣物，从后世宋明清等时代来看，袄在制作上一般保持长袖通裁开衩的特征，而开衩处多在两侧，唐到金代有单独开衩在身后的，称为开后袄子，而相对的开衩在两侧的则称为缺胯袄子，两侧后面都开的也有壁画显示存在。而女子用之于裙子搭配的多是两侧开衩的袄子。袄子按长短可分为短袄、长袄两类。一般判定方法是沿用古代对"襦"的长度判定法，即不过膝盖为短袄，过膝为长袄（大袄）。图 3-4-4 为短袄与大袄。

历代袄子按照领型可分为交领大襟、交领对襟、圆领大襟、圆领对襟、竖领大襟、竖领对襟、方领对襟七类，这七类领型在明代都可以找到（图 3-4-5 ～图 3-4-10）。

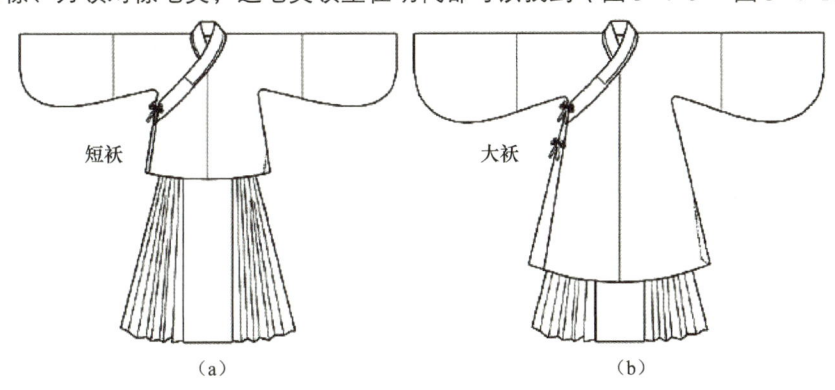

（a） （b）

图 3-4-4　短袄与大袄

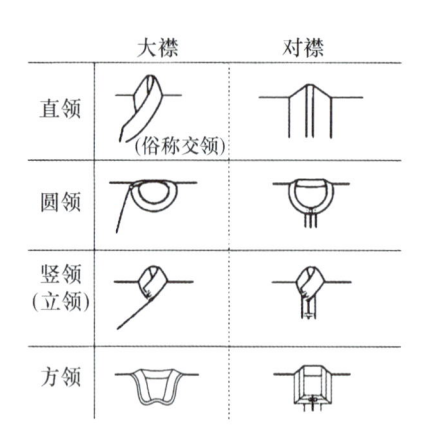

图 3-4-5　袄子领型　　　图 3-4-6　竖领对襟　　　图 3-4-7　竖领大襟

图 3-4-8　交领大襟　　　图 3-4-9　圆领对襟　　　图 3-4-10　方领对襟

明代妇女下裳主要着裙，妇女四时的穿着几乎没有一处能够离开裙子。以马面裙为主，在裙子两侧打褶，中间有一段光面，此即"马面"。在马面裙的裙底及膝盖位置饰以格式纹样的宽边，称为"襕"，极具明代女裙风采。与各式的或长或短的上衣搭配，成为"袄裙"或"衫裙"，如此两截穿衣的特征，一直贯穿于后世。图 3-4-11 为明代葱绿地妆花纱蟒裙。

上袄下裙，成为明代女子装束经久不衰的典型搭配，通常将有襕纹的称为襕裙（图 3-4-12），有竖襕的称为缘襈裙（图 3-4-13）。襕纹是明代的装饰手

图 3-4-11　明代葱绿地妆花纱蟒裙

法之一，指代衣物上横向发展的纹饰。明代裙子的襕纹前期一般具有两条，一条在膝盖处，称为膝襕，一条在裙底，称为底襕。明前中期流行短袄短衫，因此，搭配的裙襕采用膝襕宽，而底襕窄的分布。到后期长袄长衫开始流行起来，裙襕便变为膝襕窄而底襕宽。甚至只有底襕的裙襕分布。

缘襈裙为明代命妇特有的裙种。其图像资料被完整地绘于《中东宫冠服图》中。其裙门两侧装饰竖襕，而底摆镶嵌横襕。定陵出土的裙子中便有此类裙子，不过在基本的缘襈之外还加入了膝襕。

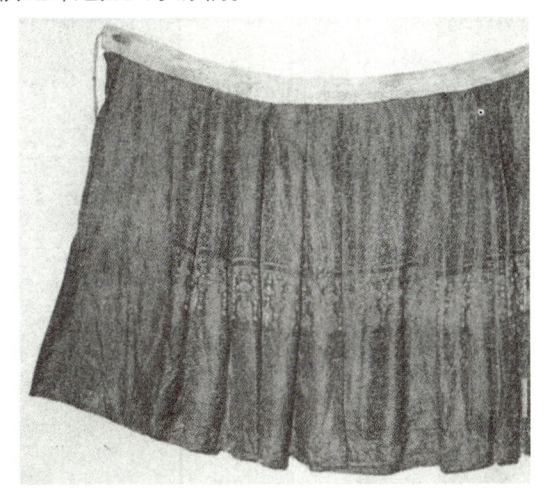

图 3-4-12　襕裙

图 3-4-13　缘襈裙

在明代，男女裙式通为马面裙式。图 3-4-14 为明代马面裙。马面裙的结构如下：

（1）裙门：马面裙有前、后、内、外共四个裙门，平铺时可见三个群门，穿着时两两重叠，因此，上身效果仅能呈现前后两个群门。穿着时露在外面的是外裙门，遮掩于内的是内裙门；位于人体前部的称为前裙门，位于人体后部的称为后裙门。裙门也称马面。

（2）裙联：即构成马面的两片布，一片为一联。《朱氏舜水谈绮》中关于裁裳法有如下记载："自中及左一旁缝四幅，作一联；自中及右一旁缝四幅，作一联。两旁不相连。"

（3）裙胁：即每联的中间区域，主要打褶。穿着时在身体两侧。根据《朱氏舜水谈绮》记载："两胁各做三个褶子。"

（4）腰头：指马面裙上端束于腰部之处。晚清民初马面裙多以棉布为腰头，白色居多，取"白头偕老"之意。裙腰两端有襻以系带。

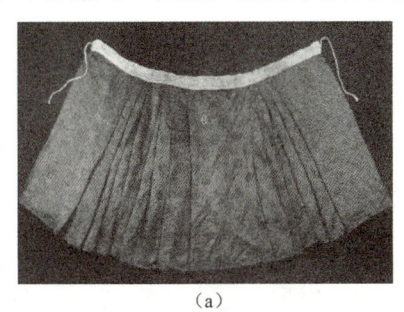

(a)　　　　(b)

图 3-4-14　明代马面裙

（c） （d） （e）

图 3-4-14　明代马面裙（续）

　　至清朝后，人们对马面裙进行略微改造，有褶裥做细密的"百裥裙"，有拼布工艺的"月华裙"，有弹墨工艺的"弹墨裙"（图 3-4-15 ～图 3-4-17）。

　　月华裙采用拼布工艺，诞生于清早期，"月华"在明清时代多指月光照射到云层上，呈现在月亮周围的彩色光环。明冯应京《月令广义·八月令》："月之有华常出于中秋夜次，或十四、十六，又或见于十三、十七、十八夜。月华之状如锦云捧珠，五色鲜荧，磊落匝月，如刺绣无异。华盛之时，其月如金盆枯赤，而光彩不朗，移时始散。盖常见之而非异瑞，小说误以月晕为华，盖未见也。"

　　综上所述，袄裙的基本特点是：

　　（1）属于中腰襦裙体系，典型的上衣下裳制式。

　　（2）上衣袖口是封口，有琵琶袖、窄袖等款式。

　　（3）下裳为马面裙、褶裙等。

图 3-4-15　清代提花马面裙

图 3-4-16　清代马面裙精美图案

图 3-4-17　马面裙的基本结构

课后拓展

讨论

讨论并绘制"明制袄裙"的平面图、效果图与分版图。

思考题

1. 简述马面裙的结构样式。
2. 简述袄裙的形制。
3. 上衣袄子按照领型可分为哪几类？

第五节　好古存旧——褙子

学习导入

褙子，或作背子，又名绰子。褙子在隋唐时被列入妇女冠服之列。宋朝时，褙子不仅男女皆穿、上下通服，而且成为当时妇女的主要服饰形式。宋代诸多笔记小说如《东京梦华录》《武林旧事》《西湖老人繁胜录》《都城纪胜》等中均分别记载了说媒的妇人、节日迎酒的女妓等穿着褙子的景象。

一、褙子

褙子始创于北宋，宋代的褙子为长袖、长衣身，腋下开胯，即衣服前后襟不缝合，而在腋下和背后缀有带子的样式（图3-5-1、图3-5-2）。褙子腋下的双带本来可以将前后两片衣襟系住，可是宋代的褙子并不用它系结，而是垂挂着作装饰用，意义是模仿古代中单（内衣）交带的形式，表示"好古存旧"。穿褙子时，却在腰间用勒帛系住。宋代女子所穿褙子，初期短小，后来加长，发展为袖大于衫、长与裙齐（图3-5-3）。

图3-5-1　宋代男子褙子样式

（a）　　　　　　　　　　（b）

图3-5-2　宋画《歌乐图》中的褙子

（a）　　　　　　　　　　（b）

图3-5-3　宋代女子褙子样式

宋代褙子的领型有直领对襟式、斜领交襟式、盘领交襟式三种，以直领式为多。斜领和盘领二式只是男子穿在公服里面时所穿，妇女都穿直领对襟式。

明代妇女的服装，主要有衫、袄、霞帔、褙子、比甲及裙子等。衣服的基本样式，大多仿自唐宋，一般都为右衽，恢复了汉族的习俗。其中霞帔、褙子、比甲为对襟，左右两侧开衩（图3-5-4）。成年妇女的服饰，随着各人的家境及身份的变化，有各种不同形制，普通妇女服饰比较朴实，主要有襦裙、褙子、袄衫、云肩及袍服等。

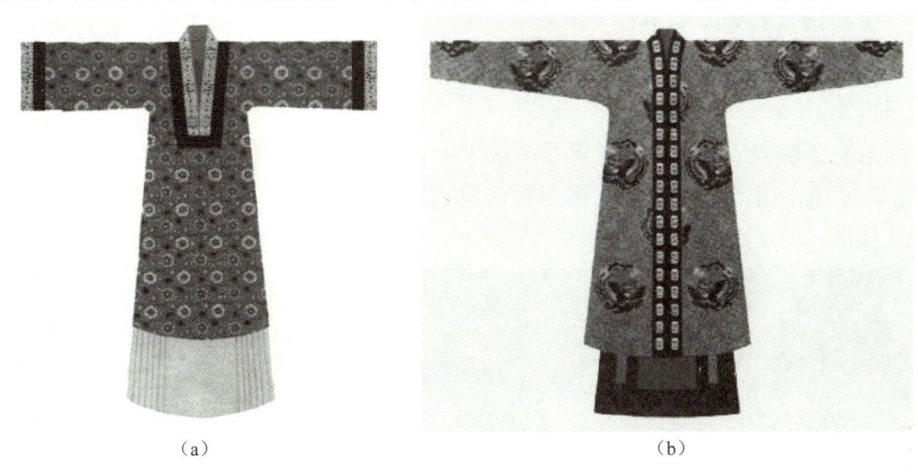

（a）　　　　　　　　　　　　　　（b）

图 3-5-4　明代褙子

二、褙子与半臂、中单

褙子与半臂、中单在外在衣着样式上存在诸多的相同之处，部分学者认为褙子是对半臂、中单样式的承继和演进。

1．褙子与半臂

所谓半臂，顾名思义，是一种衣袖长度及肘、身长及腰的上衣。这种衣式兴起于隋朝，是自晋之"半袖"发展而来，即是从魏晋以来上襦发展而出的一种无领（或翻领）、对襟（或套头）短外衣（图3-5-5）。

半臂在唐代颇为流行，男女皆可服用（图3-5-6）。据马缟《中华古今注》卷中《半臂》中云："士庶服章，有所未通者，臣请中单上加半臂，以为得礼，其武官等诸服长衫，以别文武，诏从之。"

图 3-5-5　隋代半臂　　　　　　图 3-5-6　唐代半臂

唐初文官服半臂，外罩于中单之上，其目的是通过外在服饰的穿用，以识别和区分文武官员。半臂因脱换便利，常为初唐至盛唐女子家常穿用，且大多外罩于衫外，对襟翻领（或无领），胸前结带或作敞胸套头式。如西安王家坟村出土的坐薰笼，妇女就是在小袖衣上外穿的敞胸套头式半臂，袖长位于上臂约上二分之一处。对照半臂和褙子的样式，两者皆具合领、对襟的衣式特点。宋人据此作出推断，褙子的由来乃源于半臂（图3-5-7～图3-5-9）。正如宋代高承《事物纪原》载："唐高祖减其袖，谓之半臂，今背子也。"

《画史》亦载："近又以半臂军服被甲上，不带者谓之背子，以为重礼，无则为无礼。"可知，褙子是在军中之服半臂的样式之上，加长袖子及衣长继而形成的一种衣式（图3-5-10）。

（a）　　　　　　　　　　　（b）

图 3-5-7　宋画《文会图》中的半臂

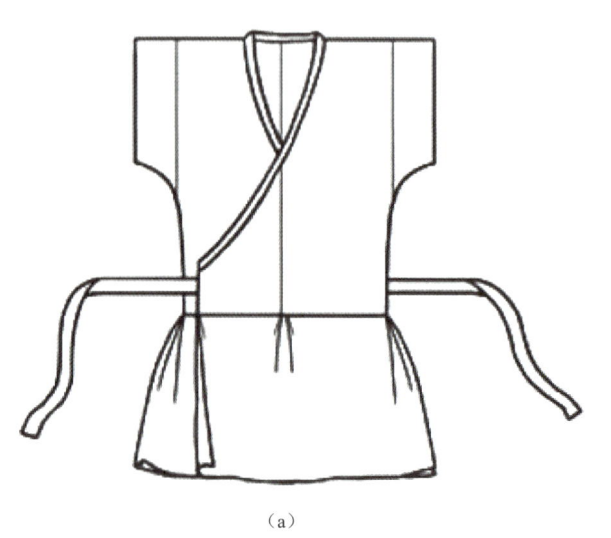

（a）　　　　　　　　　　　（b）

图 3-5-8　日本正仓院唐制半臂

（a） （b）

图 3-5-9　唐制圆领对襟半臂与唐制直领对襟半臂　　图 3-5-10　唐代半臂军服

2．褙子与中单

中单是右衽的交领内衣，穿时用腰间系带围束。褙子前襟中虽无纽扣或系带，但在衣侧两腋和背后都垂有带子，或用勒帛系束，或不系勒帛。中单腋下缝合，而褙子则离异其裾，中单两腋各有带，穴其掖而互穿之，以约定里衣，至褙子，则既悉去其带，唯此为异也。褙子两侧衣裾开衩分离，主要是为了效仿中单两侧虚垂的衣带，是对中单交带形式的一种延续，是对古代衣式的一种遗存，以表"好古存旧"之意。故又云："今世好古而存旧者，缝两带，缀背子，掖下垂而不用，盖放中单之交带也。虽不以束衣，而遂舒垂之，欲存古也"。

现代服饰专家周锡保先生在分析褙子的穿着对象、摘述宋人对于褙子的记载、提炼褙子的三大形制特点时认为："宋代的褙子，即承前期的半臂形式以及前期的中单形式两者发展而形成的"。

二、褙子与比甲、马褂

1．比甲

比甲是一种无袖、无领的对襟两侧开叉及至膝下的马甲，其样式较后来的马甲要长，一般长至臀部或至膝部，有些更长，离地不到一尺。这种衣服最初是宋朝的一种汉服款式，无袖长罩衫，又叫作"背心"，后来传入蒙古。

据《元史》载："又制一衣，前有裳无衽，后长倍于前，亦去领袖，缀以两襻，名曰'比甲'，以便弓马，时皆仿之。"比甲一般穿在大袖衫，袄子之外，下面穿裙，所以，比甲与衫、袄、裙的色彩搭配能显出层次感来。到了元代后期，北方的汉人女子犹其爱。自从元代有了纽扣之后，比甲上也有用纽扣的，这样穿起来更方便、快捷、系结严紧，是服饰的新变化。明代比甲（图 3-5-11）一般都有五枚金属扣，多为贵族穿着。

(a) (b) (c) (e)

图 3-5-11　明代比甲

2．马褂

马褂是一种穿于袍服外的短衣，因着之便于骑马而得名，也称"短褂"或"马墩子"，流行于清代及民国时期。逐渐演变为一种礼仪性的服装，无论身份，都会将马褂套在长袍之外，以显得文雅大方。马褂结构多为圆领，对襟、大襟、琵琶襟（又称为缺襟）、人字襟，有长袖、缺袖、大袖、窄袖，均为平袖口，不作马蹄式，马褂的领袖之边多有镶滚。

马褂的基本样式主要有四种，分为对襟马褂（图 3-5-12）、大襟马褂、琵琶马褂和翻毛皮马褂，马褂中有一种颜色不能随便使用，那就是黄色。黄马褂在清代服饰中的地位相当特殊。首先，其在民间是禁止穿用的；其次，其代表了一种特权，由皇帝赏赐给宠臣穿用。实际上，皇帝本人并不穿黄马褂。不仅如此，皇亲贵族以及文武品官也均不穿黄马褂（受赏赐者除外）。皇帝、亲王至文武品官行褂皆用石青色，而八旗子弟依旗色而另有规定。

图 3-5-12　清代对襟马褂

清代黄马褂的穿着者基本上有两类。一为皇帝身边的扈从人员，一为皇帝赐穿黄马褂者。因任职而准穿的黄马褂，也称"任职褂子"，任职一旦解除则不能再穿。在清代，黄马褂是无上的光荣和神圣之物，赏赐黄马褂是很高的荣誉。一旦被赏赐黄马褂，亲近顿成心腹。特殊的政治功能决定了黄马褂在清代服饰中的特殊地位（图 3-5-13）。

图 3-5-13　黄马褂

课后拓展

讨论

讨论宋代的服饰"褙子"的形制，并绘制宋代褙子的平面图、效果图与分版图。

思考题

1. 什么是褙子？
2. 简述宋代褙子的形制与特色。
3. 简述褙子与半臂、中单之间的联系。
4. 简述褙子与比甲、马褂之间的联系。

第六节　巾幞笠帽——首服

学习导入

中国古代冠类首服的戴用，不仅与国家建制、社会习俗、个人道德修养有直接关联，还与戴用者的身份相关。首服是认识一个人身份、社会等级地位的重要标志。自周始，已经确立了完备的冠服制度。从冠上，可以看出帝王与诸侯、将军与士兵、文武百官官职的大小、社会诸流等级的区别。这些种类复杂，式样繁多的首服被一直沿用，贯穿我国古代。

一、首服的发展与演变

中国首服与服装相辅相成、交相辉映，成为东方服饰礼仪文明中一颗璀璨的明珠。"首服"是指戴于人头部用以保暖、遮蔽、装饰之物的总称。因加着于首，故名"首服"。首服一词非今人所造，在汉代已有使用，中国古代首服有冠、帽、巾、帻、笠、胄等各类。其中，冠类之特征标志为系缨贯笄，多用于礼服，为修饰仪表、标志官职之用；帽类首服特征标志为扣戴遮覆，多用于公服和便服，为御寒之用；巾类之特征标志为扎束韬发，多用于公服和便服，为敛发之用。

1. 冠

冠特指古代贵族才戴的帽子，为硬质。

（1）冕冠。冕冠是只有帝王才能戴的最尊贵的礼冠，是我国古代最具特色的首服之一。始于上古皇帝，在裹头的帻巾上加一平板，称为平冕，以别于平民，同时这也是冕冠的创始，至商汤王仍戴平冕。自周始，确立了"冕服制"，冕冠的式样随着冕服的不同而发生变化，如玄冕、衮冕、毳冕、希冕等，分别服用于祭天、朝会、祀山、祭社稷等场合，其区别常在于旒数的多少、长短或不设旒。

冕冠（图3-6-1）的基本式样在之后的朝代中被沿用下来，只在冕板的表布涂色、装饰上有局部的变化，使其更加华丽、高贵，并只保留衮冕服，只在新帝即位、开宗祭社稷、受贺、册立、纳后等重大场合穿着。

图3-6-1　冕冠

（2）梁冠。史料有图文记载最早的梁冠当属夏桀王的首服。后一般为高级官员大臣首服，并以梁数确定严格的等级（图3-6-2）。

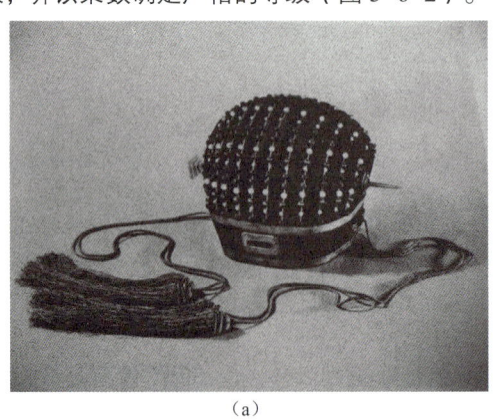

(a)　　　　(b)

图3-6-2　梁冠

（3）通天冠、委貌冠等。通天冠（图3-6-3）、委貌冠（图3-6-4）均为古代帝王、诸侯及朝廷大员所戴首服。盛行于周、春秋、战国时期；另有方山冠（图3-6-5）、长冠（图3-6-6）、却敌冠、远游冠（图3-6-7）、章甫冠、束发冠、小冠等冠式。

（a） （b） （a） （b）

图 3-6-3　通天冠　　　　　　　　图 3-6-4　委貌冠

图 3-6-5　方山冠 　　　图 3-6-6　长冠 　　　图 3-6-7　远游冠

（4）清代朝冠。朝冠是清代皇帝及朝廷官员着朝服时所戴，根据季节分冬朝冠、夏朝冠两种，也常称为暖帽、凉帽（图 3-6-8、图 3-6-9）。另外"顶戴花翎"是清代官员显赫的标志。五品以上可以戴花翎，即孔雀翎，根据等级有单眼、双眼、三眼之分。所谓"眼"即翎尾的"目晕"，俗称"野鸡翎子"。图 3-6-10 所示为朝冠上的顶球。

图 3-6-8　清代暖帽 　图 3-6-9　清代凉帽 　　　图 3-6-10　顶珠

（5）女子冠式。中国历史上女子头部装饰以髻为主，只有皇后、王妃、命妇等社会地位较高者戴冠，常见的有以下三种：凤冠（图 3-6-11、图 3-6-12）；固姑冠（图 3-6-13、图 3-6-14），又称为"姑姑冠"，为元代蒙古族后妃及大臣妻子所戴用；花冠（图 3-6-15、图 3-6-16），初见于唐，采用绢花，选择桃、杏、菊、梅为饰。

图 3-6-11　明神宗孝端皇后龙凤珠翠冠 　　图 3-6-12　明成宗徐皇后双凤翊龙冠

图 3-6-13　元代贵族姑姑冠 　　图 3-6-14　伊朗史书记载的姑姑冠

图 3-6-15　北宋花冠 　　图 3-6-16　宋仁宗皇后花冠

2. 弁

弁有爵弁、皮弁之分。皮弁多用于狩猎战伐，以白鹿皮制成，历代的皮弁与时变异，但大体上遵循周代的样式，以缝数及饰玉的多少来区分用者的等级（图3-6-17、图3-6-18）。

图3-6-17　爵弁

图3-6-18　南唐皇帝陈后主皮弁

3. 帽

上古文献中很少谈到帽，在殷商、周代有庶民戴的圆高帽、角帽和沿帽，各种帽饰主要在南朝以后大为兴起，主要有以下三种：

（1）幞头帽。幞头是一种包头巾帛，是隋唐五代时期男子首服中最为普遍的样式。后逐渐定型为帽子。至宋时，幞头的两脚伸展加长，已完全脱离了巾帕的形式，纯粹成了一种帽子，称为长翅幞头，也称为长翅帽。至明代时，多演变为乌纱帽（图3-6-19～图3-6-21）。

（a）　　　　（b）

图3-6-19　唐代软幞头帽

图3-6-20　宋代硬幞头帽

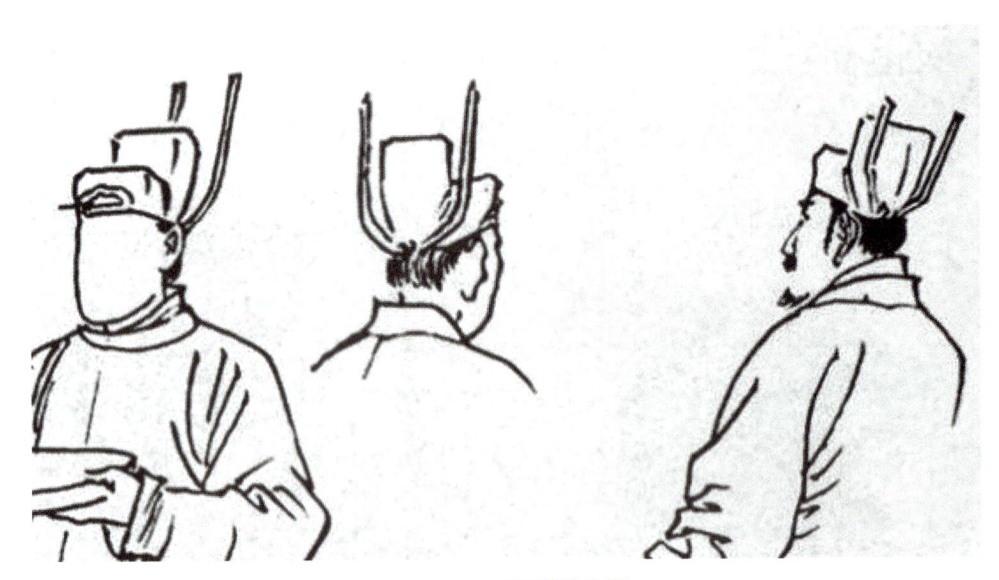

图 3-6-21　展翅幞头帽

（2）帷帽、笠帽（图 3-6-22、图 3-6-23）。帷帽始于隋，盛行于唐，是妇女出行时为了遮蔽面容，不让路人窥视而设计的帽子。笠帽起源于北方西域民族，唐末时在范阳（今天的北京和河北北部）先流行开来，笠帽两边增加了系带，穿戴更为牢固方便。

图 3-6-22　唐代帷帽　　　　　　　　图 3-6-23　唐代笠帽

（3）浑脱帽（图 3-6-24）。《新唐书·五行志》中记载："天宝初，贵族及士民女子好为胡服胡帽。"胡帽即为浑脱帽，通常由锦缎或羊毛制成。

(a) (b)

图 3-6-24　唐代浑脱帽

4．巾、帻

巾、帻为中国古代主要首服，不分贵贱、贫富均可戴用（图 3-6-25、图 3-6-26）。历史上巾有许多种，常见的有葛巾、幅巾、网巾、折角巾、方山巾、仙桃巾、东坡巾等。帻也是包发巾的一种，有压发定冠的作用，其形似便帽"平巾帻""介帻"。

(a) (b)

图 3-6-25　宋代东坡巾

图 3-6-26　宋代平巾帻

二、首服的作用与价值

首服在中国古代礼仪制度的建设中具有十分重要的地位。它与国家建制、社会习俗、个人道德修养均有直接关系。中国古代有"冠、昏、丧、祭、乡、相见"之六礼。冠礼被置于婚礼、丧礼、祭礼、乡饮酒礼、乡射礼等六礼之首。古人对于首服极为重视，将冠尊为礼之始，他们圣王、重礼、敬冠，将冠视为最重要的在身之物，认为敬冠才能重礼，重礼则为治国之本。

在中国古代服饰礼仪制度中，冠类首服是等级区分的主要标志之一。首服的戴用和一定的身份相联系，人们可以通过戴冠清楚地辨识其社会身份。自秦汉以来，历代的礼仪典制对首服均作出具体的规定。戴不属于自己等级身份的冠服无疑是严重违反礼规的行为。此外，中国古时的普通庶民和一般劳动者不着冠，因此史书常用"衣冠""冠盖""冠冕""冠带"之类词语指代社会上层和士大夫、士族。士大夫聚居处，被称为"衣冠里"，记载世族门第的谱牒被称为"衣冠谱"。

三、首服的形制功能

古人的衣冠还承载道德教化的功能，衣冠中最重要的是冠帽。皇冠前的十二束垂旒，称为"蔽明"，表示目不视非，有所不见；冠的左右两侧有充耳，称为"塞明"，表示耳不闻邪，有所不听。

以帽子表达职业的理念和道德崇尚，在明代是官民士庶穿戴的一大特色（图3-6-27、图3-6-28）。

官员最典型的服饰是头顶束发，上戴乌纱帽，身着盘领右衽袍，腰束带，黑皮靴。乌纱帽是用漆纱做成的圆顶帽，两边有展角各长40 cm。

图 3-6-27　明代乌纱帽　　　　图 3-6-28　明代六合一帽

中国古代冠类首服历来是士人之上的特权，是身份和职别的标识，象征着人的尊严。只有衣冠齐整才是完整的仪容，当冠而不冠即是"非礼"。《左传·哀公十五年》

载:"以戈击之,断缨。子路曰:'君子死,冠不免。'结缨而死。"孔子的弟子子路至死捍卫君子不免冠的尊严,足见古人对冠服的重视,也说明了冠服在中华民族传统文化中不可忽视的地位。对中国古代冠类首服的研究、承传和弘扬,必将对探索中国古代璀璨的服饰文明起到一定的推动作用。

课后拓展

讨论

古人如何通过冠服来标志一个人的身份及社会等级地位?

思考题

1. 简述冕冠的基本式样。
2. 简述明代乌纱帽的形制与特色。

第七节　衣冠禽兽——补服

学习导入

"衣冠禽兽"一语来源于明代官员的服饰。据史料记载,明朝规定,文官官服绣禽,武官官服绘兽。品级不同,所绣的禽和兽也不同,这类明清两代官方用以标明官员身份等级的服饰配件,称为补服,佩戴于官服的前胸后背,是运用织、绣、缂丝等工艺制作的精美工艺品。所以,当时"衣冠禽兽"一语是赞语,颇有令人羡慕的味道。

一、补服制度与制作工艺

补服是明清两代官方用以标明官员身份等级的服饰配件,也被称为"补子",佩戴于官服的前胸后背,通常为方形或圆形;因皇帝历来自比为"天",皇室成员的袍服上皆佩戴圆形补服,各级官员则佩戴方形补服,共同体现出"天圆地方"的观念。补服最早见于唐代武则天时期,元代官服上也应用过以花卉为主要内容的补子,起装饰作用,但没有明确证据说明这是当时官员的等级标志,而以补服作为区分官员等级的标志则始于明代,后来清代基本继承了明代的补服制度并有所发展(图3-7-1、图3-7-2)。

图 3-7-1　明代补服

（a）　　　　　　　　　　　　（b）

图 3-7-2　清代补服

  补服是运用织、绣、缂丝等工艺制作的工艺品，各地各时期在遵照官方的基本规定、设计制作补服时也有所变通，为补服等级图形的周围添入更多的装饰造型，从而形成了补服图案鲜明的装饰特色。随着明代历史和经济文化的发展，明代补服的图案风格演变也具有精彩的表现，尤其是文官补服，以禽类为主体的装饰图画，其图案设计风格曾随时间推移而具有十分鲜明的特色。

  明代补服图案的发展演变大致可以分为前期、中期、后期三个阶段。前期补服通常是预先织就于袍服面料上再随之剪裁成衣，色彩通常为单一金银色；中后期的补服则不再预先织就于面料上，而是单独制作成块再缝缀于袍服上，成为名副其实的"补服"，制作工艺也由单一的织造演变为刺绣、缂丝等多种工艺并行。随着明代经济、文化水平的发展，补服图案也由明初时的单一色彩、简单装饰逐步演变为色彩绚丽、多重装饰的精美图画。代表等级的各种禽兽图案除自身造型鲜明外，还被置于相应场景中，构成一幅寓意吉祥的图画。例如，文官等级图案为禽，通常为双禽，一只飞翔一只在地面，画面通常饰以祥云、水纹、树木等，以示祥瑞；武官图案为单个兽，通常造型敦实，或伏或立或驰，补服画面则配以地面、岩石、火焰、水纹等装饰，显得瑞兽形象威风凛凛。总体说来，明代补服图案显得精致大气，具有较高的艺术价值。

二、补服图案及特色

古代官服上的图案是与官员的品级相关，代表着身份与地位。明洪武二十四年（1391年）明文规定官吏常服为盘领大袍，在胸前背后各饰一方形补子，文官图案为禽、以示文明，武官图案为兽、以示威猛。此外还有皇帝特恩授予特定人物的赐服补子，图案为飞鱼和斗牛等。官方明确规定了代表等级的禽兽图形，但不曾详细规定主要图形之外的其他元素，而补服图案中除了主体的禽兽形象外还有其他各种装饰纹样，两者共同构成了色彩斑斓、造型精致细腻的补服图案。

清朝官服图案的正式称呼为"补子"，它的作用也是区分官员级别，现以清朝官员补服为例进行详细说明。

1. 文官补服图案

（1）一品：仙鹤（图3-7-3）。《诗经·小雅》云："鹤鸣于九皋，声闻于天"，仙鹤美丽超逸，高雅圣洁，而且长寿，一品官员补子采用仙鹤的图案，取其奏对天子之意。

（2）二品：锦鸡（图3-7-4）。锦鸡也称为"金鸡"，是吉祥的象征。锦鸡有一呼百应的王者风范。其羽毛色彩艳丽，传说还能驱鬼避邪，故古人十分喜欢将其作为服装的装饰，表示威仪和显贵。

（3）三品：孔雀（图3-7-5）。孔雀是一种大德大贤、具有文明品质的"文禽"，是吉祥、文明、富贵的象征。《增益经》称孔雀有"九德"："一颜貌端正，二声音清澈，三行步翔序，四知时而行，五饮食知节，六常念知足，七不分散，八品端正，九知反复。"

图3-7-3　文一品仙鹤　　　图3-7-4　文二品锦鸡　　　图3-7-5　文三品孔雀

（4）四品：鸳鸯（图3-7-6）。据说鸳鸯成对，双双飞翔，夜晚雌雄羽翼掩合交颈而眠。若其偶失，从不再配。用其作为官员的补子，是取其羽毛上耸，象征坚定忠心之意。

（5）五品：白鹇（xián）（图3-7-7）。白鹇是一种忠诚的"义鸟"。传说宋朝少帝赵昺在崖山时，人送白鹇一只，他亲自喂养在舟中。少帝投海殉国后，白鹇在笼中悲鸣奋跃不止，终与鸟笼一同坠入海中。后人称白鹇为"义鸟"。所以，白鹇鸟的形象作为五品官员补子，有着行止娴雅，为官不急不躁，并且吉祥忠诚的含义。

（6）六品：鹭鸶（图3-7-8）。鹭鸶是吉祥之鸟。陆机《诗疏》云："鹭，水鸟也，好而洁白，故谓之白鸟。"。

图 3-7-6　文四品鸳鸯　　图 3-7-7　文五品白鹇　　图 3-7-8　文六品鹭鸶

（7）七品：鸂鶒（xī chì）（图 3-7-9）。《临海异物志》："鸂鶒，水鸟，毛有五彩色，食短狐，其中溪中无毒气。"

（8）八品：鹌鹑（图 3-7-10）。鹌鹑之"鹌"是"安全"之"安"的谐音，因此又具有"事事平安"和"安居乐业"的象征意义。

（9）九品：蓝雀（图 3-7-11）。蓝雀也称为练鹊、绶带鸟。绶带是古代帝王、百官礼服的佩饰，是用彩色丝缕织成片状的长条。绶带的颜色和长度随官员品级的变化而不同。因此，各种绶带成为权力和富贵的象征，而蓝雀的尾羽与之相似，故有绶带鸟名。

图 3-7-9　文七品鸂鶒　　图 3-7-10　文八品鹌鹑　　图 3-7-11　文九品蓝雀

2．武官补服图案

（1）一品：麒麟（图 3-7-12）。麒麟是古代传说中的神兽。《大戴礼》说："麒麟出现是圣王之嘉瑞。"所以，以麒麟为一品武官的官阶形象，既象征皇帝仁厚祥瑞，又象征皇帝"武备而不为害"的王道人君形象。

（2）二品：狻猊（图 3-7-13）。二品武将们的朝服上绣了狻猊，它是中国古代神话传说中龙生九子之一。古书记载狻猊能食虎豹凶猛之兽，用在武将服饰上取其威猛之意。

（3）三品：豹（图 3-7-14）。古代豹的神兽地位高于老虎而低于狻猊，也是取其勇猛之意。

图 3-7-12　武一品麒麟　　图 3-7-13　武二品狻猊　　图 3-7-14　武三品豹

（4）四品：虎（图3-7-15）。老虎为百兽之王，有王者的智慧，具有"仁、智、信"之范。因此，人们视之为吉祥的神兽，能守诚信，驱邪气，纳祥瑞。由于虎威武勇猛，所以古来颇受将帅崇拜。

（5）五品：熊（图3-7-16）。《诗经·小雅》说："唯熊唯罴，男子之样"，取其阳刚之意。

（6）六品：彪（图3-7-17）。宋代周密《癸辛杂识》记述："谚云：虎生三子，必有一彪。"彪最犷恶，能食虎子也。可见，彪与仁德智慧的虎不同，是一种凶悍残暴的动物。作为武官官阶形象，是取其对敌凶狠残暴之意。

图3-7-15　武四品虎　　图3-7-16　武五品熊　　图3-7-17　武六品彪

（7）七品、八品：犀牛（图3-7-18）。用犀牛做武官官阶的形象，是取其皮可制甲，角可制矛，兵器犀利之意。

（8）九品：海马。此处的海马是指上古神话中的海兽（图3-7-19）。其既能在天空飞翔，也能在汹涌的波涛中穿行。古书上记载"水兽，似马，水陆双行，喻水陆皆可攻杀固守。"

图3-7-18　武七品、八品犀牛　　图3-7-19　武九品海马

三、补服在现代服装中的应用

现代服装不受宗教、政治文化的影响，仅从审美出发，从而使纹样的运用更为自由。官服补子常以圆形纹样呈散点方式或左右对称布局，要求纹样完整，如皇帝上朝的龙袍，左右肩膀龙纹即为对称布局。而现代，很多服装汲取西式裁剪的精华，圆形纹样依然保留散点布局，但已变得不再完整，这种不完整的纹样却能赋予现代服装的生动活泼感。2014年，天意品牌设计师梁子设计的一款夏装中补子的位置与传统官服

一样设置在胸前,只是比例缩小了许多,整件连衣裙黑白相间,胸前团形图案堪称点睛之笔。

近几年,随着人们生活方式和精神层面的改变,许多设计师越来越希望能在国际舞台上展示中国传统文化。中国设计师们也在逐渐汲取西方裁剪方式的基础上,对明清官服纹样不断创新,使现代中国服装既能符合国际审美,又使中国的传统文化得以推广,展现出独特的魅力。当今,我们应该在传承的同时融入现代元素,使补子纹样得到发展和创新。

在2014年的APEC会议上,各国领导人穿着的服装即为具备中国特色的服装,它采用中国式裁剪方式、万字花纹宋锦面料,纹样采用海水江崖纹设计,既表现出APEC 21个国家经济体守望相护、山水相依的寓意,又体现了中国传统文化,而这些海水江崖纹正是明清官服补子纹样的重要组成部分。补子的纹样多以动物为主,所以在补子纹样的设计中往往加入很多的山水、云朵等,动物和景物结合的设计手法丰富了补子的视觉观赏性,同时云朵、山水也在古代隐喻"江山"之意。

课后拓展

讨论

如何对明清补服纹样进行创新设计,使现代中国服装既能符合国际审美,又使中国的传统文化得以推广,展现出独特的魅力?

思考题

1. 简述明代补服图案的发展演变。
2. 简述明洪武年间明文规定官吏的文武补服图案。

第四章
近代华服

民国时期是一个中西文明交融的时代。西风东渐的影响越来越深远，传统社会发生根本改变，人们的衣食住行发生了巨大变化。这种变化是民国时期传统文化向现代转变的直接特征。服饰作为社会变迁的一个重要表征，在民国时期尤为激烈，中西结合、服装混搭，穿衣更多地体现人们对时尚和美的追求，是民国时期社会生活变迁的一个缩影。服饰变迁可以看到当时社会环境的剧变，也了解当时人们的生活方式、文化心态和审美情趣。

课件：近代华服

近代中国服饰的变化是一个旧时代与新时代交替的过程，新事物的出现往往会带来斗争。服饰之变是在西方现代文明的侵略中被迫惊醒，其悲剧品质在开始时就已经被确定。而西方所代表的先进的现代文明的服饰文化又成为当时社会追随的风向标，即具迎合之意。

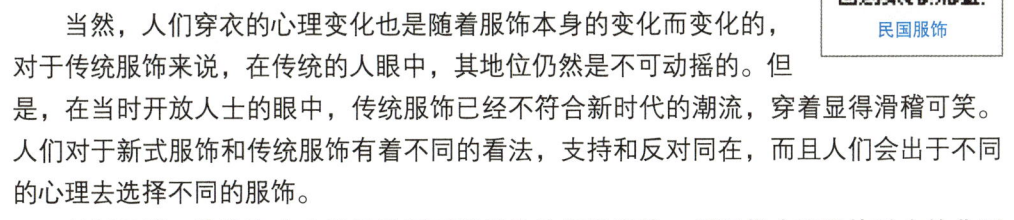

民国服饰

当然，人们穿衣的心理变化也是随着服饰本身的变化而变化的，对于传统服饰来说，在传统的人眼中，其地位仍然是不可动摇的。但是，在当时开放人士的眼中，传统服饰已经不符合新时代的潮流，穿着显得滑稽可笑。人们对于新式服饰和传统服饰有着不同的看法，支持和反对同在，而且人们会出于不同的心理去选择不同的服饰。

长衫马褂、旗袍和中山装是民国时期最为流行的服饰，是近代中西服饰融合的典型代表。

第一节 国民礼服——长衫马褂

学习导入

世界上很多国家都有代表本国历史与文化传承的国服，中国的国服在当前人们的意识中一般都认为是中山装与旗袍，而实际上民国时期一度是以长衫马褂作为国事、外事活动最高规格的礼服。当时是把长衫马褂作为中国男士的国服。然而，在当今的时代中国国服需要注入新的元素，以改变人对它的保守、落后的直观印象。

一、衣冠之治的崩解

百日维新期间，康有为上书《请禁妇女裹足折》和《请断发易服改元折》，指出女子裹足，不便劳动；辫发长垂，不利于机器生产；宽衣博带，长裙雅步，不便于万国竞争时代，请求放足、断发、易服。"放足、断发、易服"可以说是句句惊雷贯耳，是从根本上对于中国人形象的重新设计，是中国"衣冠之治"的崩解肇始。

1911年的辛亥革命，推翻了清朝的统治，结束了两千多年的封建帝制，服饰文化作为"衣冠之治"的核心价值土崩瓦解。革命的胜利，使西服成了革命的象征，一时间，革命巨子，多由海外归来，草寇革履，呢服羽衣，已成惯常；喜用外货亦不足异。无如政界中人，互相效法，以为非此不能侧身新人物之列。效穿西服成为当时的时尚（图4-1-1）。

（a） （b）

图4-1-1 民国西服

民国的服饰之变是启蒙思想与保守思想相互斗争的结果，由于这种斗争是在外来势力侵略下进行的，服饰之变带有被迫的意蕴。服饰在被迫和迎合之间寻求转折。当然，民族特色和民族习惯必然是根深蒂固地存在。因此，民国仍然将长袍马褂作为国家礼服的一种，但是在穿着上抛弃了等级差别。故而革命者取其义，守旧者取其名，使长衫马褂在近代中国服饰舞台上仍扮演了一个重要的角色。长衫马褂的忠实拥护者是中老年人及守旧人士们，他们依然试图引导下一辈维护传统，最起码己身严守陈规穿着长衫马褂，却不知近代的服饰改革早就在青年和中老年之间划出了一条代沟。众多的青年，由于文化和知识水准的不断提升，眼界的不断开阔，纷纷跨过老一辈设下的界限，置传统与忠告于不顾，普遍追求新式服装，男穿西服女着裙装已是常见之事。

二、民国时期中西并存的礼服制度

辛亥革命后，国民政府成立，参议院于民国元年七月公布了服制条例，女子礼服基本上为清代汉族女装的发展，男子礼服则分中、西两式，中式为传统的长袍马褂，西式礼服分大礼服和常礼服两种。

大礼服又有昼夜之分，昼礼服长与膝齐，袖与手脉齐，前对襟，后下端开叉，穿黑色过踝的靴；晚礼服类似西式燕尾服，穿短靴，前缀黑结。穿大礼服戴高而平顶的有檐帽子。常礼服与大礼服大同小异，只是惟戴较低的有檐圆顶帽，时人解释这种中西并存的礼服制度："竟用西式于习惯上一时尚未易通行，……故定新式礼服外旧式褂袍亦得暂时适用"（图4-1-2）。

图 4-1-2　民国中西并存的服饰

新旧的交织迫使一些传统服饰在变和延续的路上迂回前行，民国后长袍马褂在近代中国服饰舞台上仍扮演着一个重要的角色，仍然是国家礼服的一种，只是在裁剪上注重吸收西方立体裁剪的理念，较清代袍窄瘦。在搭配上也受西方服装影响，有身份地位的大人物，如国民党和政府要员、商人、银行家一般是绸缎长袍配西服裤，穿皮鞋，戴礼帽，架金丝边眼镜，既有传统之味，又跟随时代潮流。大学生和大中学教师，一般是阴丹士林长袍配西式裤子，穿布鞋。这种装束成了知识分子的"品牌"。这种变化中延续传统的着装，塑造了这个时期服饰的经典形象。

三、优雅的长衫马褂

长衫从外形、衣服的裁制等方面看，与旗袍实际上是同类服装，主要差别只在于衣袖上，女性旗袍一开始就流行大宽袖，而男士的长衫大都是直筒窄袖，无数的图像、文字和实物资料证实,这是已流行一千多年的传统服装,可以真正称得上是代表中华文化悠久历史的男士国服(图4-1-3)。

(a) (b) (c)

图4-1-3 民国优雅的长衫马褂

1977年,《考古》杂志第一期发表了一篇介绍安徽亳县隋墓出土文物的文章,文中介绍了一尊陶俑,这尊俑头裹巾幞,身穿圆领长衫、长衫的上领口敞开,衣襟右衽至腋下垂直向下,这是历史文物上最早出现的长衫形象,事实上从那时起历经唐、宋、元、明、清一直流传到民国,凡有身份地位的男子或民间重要节庆喜事时都要穿它。这种长衫在隋朝刚流行时称作"缺胯袍",可以毫不夸张地说,这种从隋代一直流行到宋末的男袍,被男子穿了660余年之久,而且不分社会地位,不分职业,不分民族都可以穿着,区别只在于衣服的长短、质料方面。长的至脚背,短的不过膝,一般则在膝下离地一尺。

长衫体现了民国男士儒雅的气质,散发的书卷气豁达而渊博。特别是新派知识群体中,穿长衫戴眼镜已成为当时的流行指标(图4-1-4、图4-1-5)。胡适就是这样一位戴着眼镜,露着威尔逊式微笑的多情浪子,长衫下的他透着风华绝代之美(图4-1-6)。沈从文穿长衫的俊逸照片,像他笔下的湘西风水一样,透着人性的至善之美。你有多沉醉他的凤凰桃源,你就有多迷恋那一袭长衫下的风骨与气度。还有更纯粹的徐志摩,穿着长衫与林徽因一起去见来访华的泰戈尔。他把一生的曼妙诗行都献给了爱情,最后他的爱情也随他的长衫悠悠,淹没在岁月风流里了(图4-1-7)。

图4-1-4 穿长衫的鲁迅　　　图4-1-5 穿长衫的民国游客

图 4-1-6　穿长衫的胡适　　　　图 4-1-7　穿长衫马褂的徐志摩（右一）

马褂不是清朝本民族的传统服饰，是由宋代的貉袖演变而来。《因话录》曰："近岁衣制，有一种如旋袄，长不过腰，两袖仅掩肘，以最厚之帛为之，……起于御马院圉人。短前后襟者，坐鞍上不妨脱，着短袖者以其便于控驭耳。今之貉袖，袭于衣上，男女皆然，今士大夫服此而不知怪。"有一幅宋人佚名的《骑射图》上描绘了其形象，看上去已与清代的马褂极为接近，都是短袖前开襟。貉袖后来又改称为褙子，南宋时褙子从男服又变成女服的半臂（图 4-1-8）。

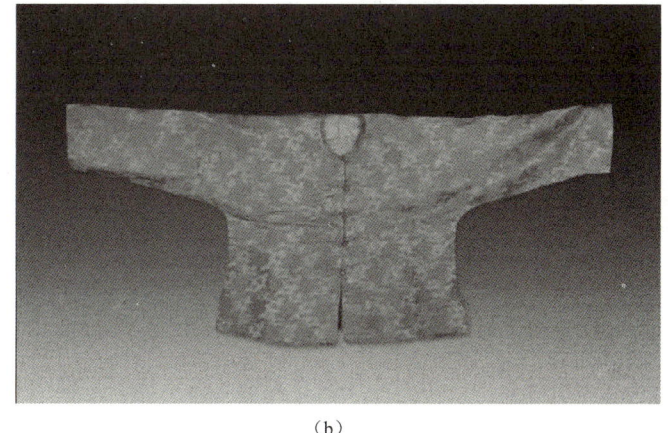

（a）　　　　　　　　　　　　　（b）

图 4-1-8　民国马褂

清末民初，当行袍回复到缺胯袍的原样，定型成为长衫后，马褂也就成了罩于其外的最合适套服，原来无领的圆盘领口上也像女子的旗袍一样装起了竖领，同时长衫一般也都装有立领了。

综上，在外侵内扰的纷乱中，文化的主流话语权已经丧失，开放和个性的展现更多是效仿西方。外来侵略者所带来的西方文明有其独特魅力，在观念和思想的内质差异中，符合民族特色和民族习惯的长衫马褂也被迅速地取代了。

不可忽视的是，至此中国的服饰开始一再地被西化，传统的服饰几乎消失殆尽。这样的现状不得不使人忧虑华夏五千年的文明会不会就在服饰这一载体上失落。因此，如何在保持传统的基础上注入新时代的元素，结合当前的时尚追求，设计改良出既体现传统文化底蕴，又反映时代脉搏的中国国服，是摆在中国时装界面前一项艰巨而又意义深远的重任。

课后拓展

讨论

为什么民国后长袍马褂在近代中国服饰舞台上仍扮演着重要的角色？

思考题

1. 简述民国时期长袍马褂的服饰特点。
2. 民国时期为什么存在中西并存的礼服制度？

第二节　旗开得胜——旗袍

学习导入

旗袍，作为世界上影响最大、流传最广的中国传统服装，是中国灿烂辉煌的传统服饰的代表作之一，虽然其定义和产生的时间至今还存有诸多争议，但它仍然是中国悠久的服饰文化中最绚烂的现象和形式之一。旗袍为民国20年代之后最普遍的女子服装，由中华民国政府于1929年确定为国家礼服之一。1949年之后，旗袍在大陆渐渐被冷落。20世纪80年代之后，随着传统文化被重新重视，以及影视选美等的影响，旗袍又逐渐在大陆地区复兴，其影响力传播到了世界各地。

一、旗袍的起源与发展

旗袍是我国一种具有民族风情的妇女服装，由满族妇女的长袍演变而来。由于满族称为"旗人"，故将其称为"旗袍"。

旗袍是清宫历代沿袭的服装。旗袍原是宽身窄袖低领直筒式，两侧或四面开衩，便于马上活动。顺治元年，清统治者迁都北京，旗袍在中原地区流行。随着生活环境的改变，款式也有所变化，领子逐渐增高，至清末已高至2寸许。四面开衩一律改成两面开衩，绣饰、镶滚显得日益精致和花哨。满族旗袍主要特点为宽大、平直，衣长及足，材料多用绸缎，衣上绣满花纹，领、衣、襟、裾都滚有宽阔的花边（图4-2-1、图4-2-2）。

(a)   (b)

图 4-2-1　清代旗袍

(a)   (b)

图 4-2-2　穿旗袍的清代贵族

辛亥革命为西式服装在中国的普及清除了政治障碍，同时也把传统苛刻的礼教与风化观念丢在了一边，解除了服制上等级森严的种种桎梏。这一时期最为流行的女装服饰搭配为上衣下裙。上衣有衫、袄、背心，样式有对襟、琵琶襟、一字襟、大襟、直襟、斜襟等，领、袖、襟、摆多镶滚花边或刺绣纹样，衣摆有方有圆，宽瘦长短的变化也较多。服装走向平民化、国际化的自由变革，已经水到渠成，旗袍由此卸去了传统沉重的负担。旧式的旗袍被摒弃，新式旗袍在乱世装扮中开始酿成。服装装饰一扫清朝矫饰之风，趋向于简洁，色调力求淡雅，注重体现女性的自然之美。

20 世纪 20 年代，中西方的服装开始相互融合，这一时期的旗袍吸纳了西方曲线美的特点，同时也保留本身的特点，旗袍腰身开始有所收缩，袍身不那么宽松，领子的样式变化多样，开襟的方法、形状各异（图 4-2-3）。

图 4-2-3　20 世纪 20 年代的旗袍

到了 20 世纪 30 年代，旗袍款式有很多的变化，这个时期可以说是旗袍的经典时期（图 4-2-4）。随着西方文化的渗入，当时的旗袍在裁剪方式上有所创新，特别是在胸部和腰部，采用了西式服装上的胸省和腰省，有的还在肩部衬上垫肩。当时的上海是经典旗袍的发源地，是亚洲的时装中心，同时，时装业渐渐发展起来。当时，西方先进的面料进入中国的市场。这些西方面料质地柔软并且弹性强，使得做出来的旗袍特别合体。

在 20 世纪 40 年代，对旗袍的改良更加大胆，在款式上更趋向于现代化，线条更加的简洁、流畅，旗袍的长度又恢复到了 20 世纪 20 年代以短为美的样式，改良后的旗袍开始注重腰围的收缩，衬托出女性窈窕多姿的曲线美，尽管旗袍有长度、领子高低、有袖无袖的变化，但是其根本的精神没有变，呈现的是上下为一体，适体的收腰，以轮廓形态来展现出女性的曲线美。从这点上来说，高领短袖的长旗袍拥有含蓄的性感美，最具有代表性（图 4-2-5）。

图 4-2-4　20 世纪 30 年代旗袍

图 4-2-5　20 世纪 40 年代旗袍

现代旗袍是在传统旗袍的基础上，经过一系列的演变和发展，使之更适应现代人们穿着需求的新生代旗袍的总称。被世界认为最能代表我国民族特色服装的旗袍，在我国服饰文化的历史长河中具有举足轻重的地位，可以说是我国服装史上的一项奇迹。旗袍具有三百多年的历史，在历史的长河里它不但没有淡出人们的生活，还一度成为中国的国服。现如今，作为最能展示东方女性神秘魅力的服装，旗袍被世人瞩目，是任何一种服饰都不可比拟的（图 4-2-6）。

图 4-2-6　现代旗袍

二、旗袍之美

旗袍是中国传统服装文化的经典，它拥有浓厚的民族特点和丰富的艺术语言。旗袍的美主要体现在造型、色彩、纹样、材质等元素中。

1. 造型之美

最能展现旗袍造型的首先是它的外轮廓。旗袍的整体外形呈现的是上下为一体，线条简洁、流畅，在展露的同时不忘了遮掩。这种含蓄的曲线充分显示了女性自然的美，同时也非常符合东方女性的体型；其次，旗袍造型的变化，主要是襟形、袖式和领型等的变化。

中国的传统袍服从商、周时期开始就习惯使用开襟形式。在结构上，其起到了分割的作用，这条分割线打破了服装一片式的单调，在它与旗袍的盘扣相互结合时，成了旗袍别出心裁的视觉审美元素，展现了旗袍外形鲜明的节奏感。旗袍开襟的变化多种多样，常见的襟形有如意襟、圆襟、直襟、方襟、琵琶襟、斜襟、双襟等（图4-2-7～图4-2-13）。女性一般可针对自己的脸型、身材来挑选旗袍的襟形。

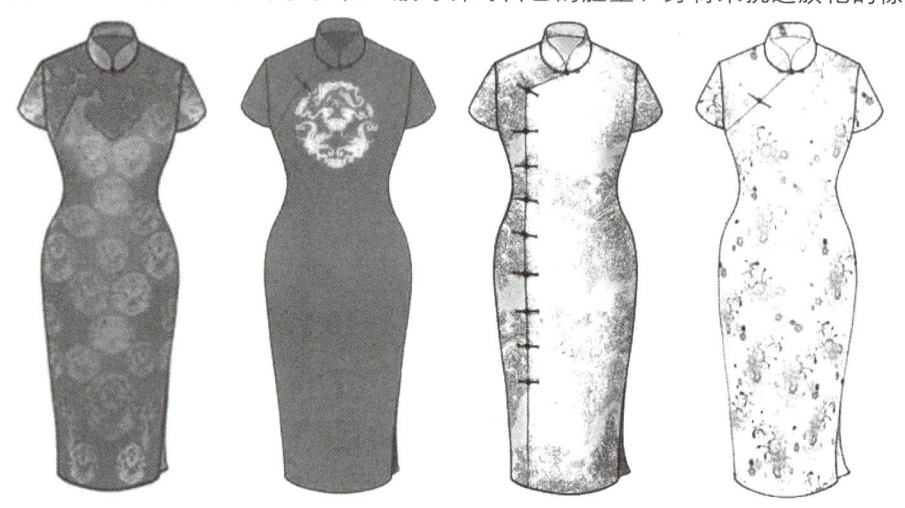

图 4-2-7　如意襟旗袍　图 4-2-8　圆襟旗袍　图 4-2-9　直襟旗袍　图 4-2-10　斜襟旗袍

图 4-2-11　方襟旗袍　　图 4-2-12　琵琶襟旗袍　图 4-2-13　双襟旗袍

旗袍袖形主要有宽袖形、窄袖形、长袖、中袖、短袖或无袖（图 4-2-14 ～图 4-2-18）。

旗袍领型主要有方领、圆领、U 型领、一般领、企鹅领、凤仙领、无领、水滴领、竹叶领、马蹄领。

图 4-2-14　宽袖形旗袍　　　　图 4-2-15　窄袖形旗袍

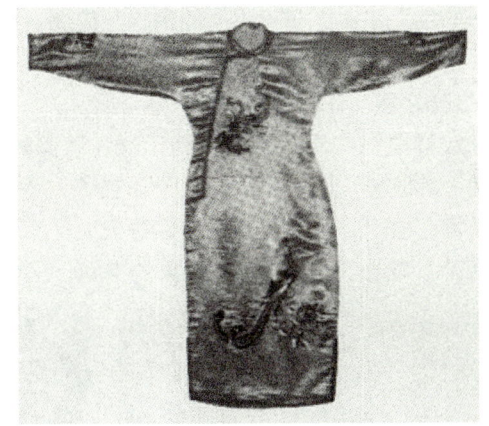

图 4-2-16　长袖、中袖旗袍　　图 4-2-17　短袖旗袍　　图 4-2-18　无袖旗袍

2. 色彩之美

受中国传统文化的影响，旗袍在选用颜色时，比较注重其本身所表达出的精神和文化内涵。旗袍在色彩上的运用独出心裁。每种颜色都有不同的特性和寓意，在不同的时候、场合，通过不同色彩的搭配，能带给人们热情、奔放、纯洁、艳丽、张扬、淡雅、温柔、典雅、稳重等审美感受。例如，使用比较暗淡的深色及带有暗色花纹的色彩，可以给人带来一种庄重、大方的感觉；使用纯度和明度较高、富有变化的色彩可以展现出女性热情、张扬的风格；使用颜色较为淡雅、明度高的颜色可以展现出女性纯洁、温柔的风格。

自古以来，中国人民对红色情有独钟，鲜艳亮丽的红色表达出中国人民乐观、积极的生活态度，以及热情、坦率、直爽的民族性格。中国红是中国人在喜庆的节日中喜欢采用的颜色。在中国，红色代表喜庆幸福和快乐，在旗袍上采用红色，最能展现出人们欢乐、热情、奔放的思想感情，女性穿上红色的旗袍显出意气风发，充满青春与活力。

不同的色彩体现出旗袍不同的精神与内涵。这些灿烂、鲜艳的色彩展现了旗袍明亮美丽的视觉感受。

3．纹样之美

旗袍纹样题材广泛，风格多种，蕴含着美好的寓意，象征着人们对美好生活的向往。旗袍上的纹样、图案大多在领子、袖子、下摆等处。旗袍上常见的纹样大体上分为植物、动物、山水、几何及吉祥文字等五大类，不同类别的纹样蕴含着不同的寓意，大多追求高雅、浪漫，给人以充满想象的空间，呈现出浓厚的民族特色（图4-2-19）。

（a） （b）

图 4-2-19　旗袍上精美的色彩与刺绣纹样

4．材质之美

制作旗袍的纺织品主要有布料、丝绸、锦缎、乔其立绒、金丝绒等。旗袍面料的选择很有考究，使用不同质地的面料，风格和韵味是截然不同的。深色的高级丝绒或羊绒面料能显示雍容雅致的气质；采用织锦缎制作旗袍则透露出典雅迷人的东方情调；用优质丝绸缝制则有大家闺秀温文尔雅的韵味，给人以典雅、名贵、高级之感（图4-2-20）。

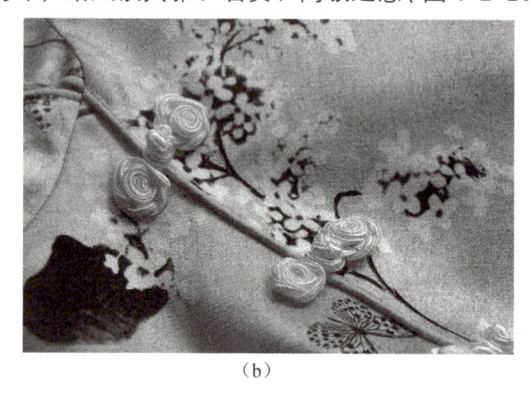

（a） （b）

图 4-2-20　旗袍上典雅高级的造型与材质

旗袍在保持中国民族传统文化内涵的同时，还大量吸纳并采用了西方的思想观念及服装制作技巧。例如，在细节的处理、面料的运用、剪裁的方法等方面都有了很大的改变。又如，在领子和袖子的地方采用了西方荷叶形的领子、西式翻领、荷叶形的袖子等；在衣襟方面，采用了左右开襟的方法，并且在衣襟上镶嵌花边作为装饰；在制作方法上，采用了以往没有的胸省和腰省的剪裁方法，逐渐出现了连袖、衣襟对开等形式。改变后的旗袍无论从外形上还是从内部结构上来看都体现出了东、西方服装的相互交融。

课后拓展

讨论

请描述旗袍之美，并讨论现代旗袍与传统旗袍的区别与联系。

思考题

1. 简述旗袍的起源。
2. 旗袍的袖形与领型有哪些形制？
3. 旗袍开襟的变化多种多样，常见的襟形有哪些？
4. 旗袍在保持中国民族传统文化内涵的同时，大量吸纳并采用了西方哪些制作技巧？

第三节　融贯中西——中山装

学习导入

中山装是我国伟大的民主革命先驱孙中山先生亲自设计并倡导的中式礼服。这在中国服装史上是一大创举，更是一项影响深远的服饰改革。它代表着20世纪中国告别封建服饰转向现代服饰的起点，影响着中国人民的穿着。

一、中山装的发展源起

民国前后放足、剪辫、易服等移风易俗运动，促进了中国人生活方式的变化，服饰领域推陈出新，时尚迭现，其中又以洋装引领服装的新潮流。

民国进行的服制改革，给政府官员规定了礼服——西式礼服和传统的长袍马褂，但并没有规定政府官员不能穿着其他服装，也没有规定礼服为政府官员所专用，其他人士一概不能穿着。因此，这是一个穿着极其自由的时代（图4-3-1）。

（a） （b）

（c） （d）

图 4-3-1　民国前后是穿着极其自由的时代

西服作为国人主要的礼服，虽然比长袍马褂更能表现人身形体，但是它与中国人的生活方式毕竟有着不尽符合之处。于是，有人便表示出了对西服的种种不满。譬如，梁实秋就嫌西服"零件"太多，构成复杂。林语堂也曾对西装耿耿于怀，他在《论西装与中装》一文中也是极尽抱怨西装的种种不适。于是，从服装的用料、款式和制作出发，怎样适合中国人的衣着风俗、体形和审美情趣，怎样遵从中国人的衣着习惯，怎样使西服改制成为平民化、大众化的服装，成为服装改革的关键被提到了议事日程上。中山装便在这样的背景中应时而生。

孙中山身为"中华民国"第一任临时大总统，频繁出入国内外公共场合，穿什么服装，怎样着装，不只是个人的仪表，更是直接关系到新生国家的形象，尤其是革命党人和国家公职人员的着装是国家的礼仪和门面，这些都直接促使孙中山先生考虑"礼服在所必更"。于是，在提倡国货、洋装本土化的呼声中，孙中山提出了制定中国服装的新图式："此等衣式，其要点在适于卫生，便于动作，宜于经济，壮于观瞻"。这既是创制中山装的原则，也是孙中山先生服饰文化观的表白。图 4-3-2 为 1912 年孙中山就任临时大总统时穿过的中山装（复制品）。

图 4-3-2　1912 年孙中山就任临时大总统时穿过的中山装（复制品）

由于年代久远，中山装的设计与制作流传有多种说法。比较通行的说法是：1902年，孙中山到越南河内筹组兴中会，在河内认识了在当地开洋服店的广东人黄隆生。于是，孙中山便把制作"中式国服"的革命意义对黄隆生进行了宣传，并把自己想设计一款简易、美观、实用、有中国文化意蕴的国服的想法告诉了他，孙中山的这一想法得到了黄隆生的积极响应，他依照孙中山先生的创意，参考了西欧猎装，并结合当时南洋华侨中流行的"企领文装"上衣和学生装风格，设计缝制了既富有中国传统文化，又有开明开放精神的新式中装，后经孙中山修改，确定了前襟5粒襟扣、4个口袋、3粒袖扣、袋盖倒笔架的款式，形成了真正具有中国风格、体现中国人特有气质的中山装。

有关中山装的设计，虽然有各种各样的说法，但有一点是公认的：中山装以西服为模本，并结合中国服饰文化传统进行改革，具有明显的中西合璧的特点。

二、中山装的设计特点

（1）中山装的设计理念体现了中西服装设计理念的统一（图4-3-3）。孙中山亲自设计，效仿西方服饰（西式礼服），但又不是一成不变地照搬。中山装取西服基本模式，但又作了较大的改变：一是服装的长度大大缩短，中山装比起西式礼服更经济，更合体，更便利；二是领子有了很大的变化。西服为敞开式的大翻领，习惯于着长袍马褂的中国人穿西服一怕脖子受冻，二嫌着西服须有与之相配套的衬衣领结背心，讲究颇多。中山装对此做了改进：中国袍服的特点将大翻领改为关闭式的立翻领，前领窝处就没有受冻之忧了；取西服衬衣领子挺括之优点，将其移植到中山装的领子上，这样就兼具了西服上衣、衬衣和硬领的功用，穿起来显得很硬挺、很精神。同时，中山装的设计糅进了许多中国传统文化意识。如4个口袋代表四维。何谓四维？《管子·牧民》说："一曰礼，二曰义，三曰廉，四曰耻。"礼义廉耻国之四维，四维不张，国乃灭亡。所以，这4个口袋是毋忘传统美德的象征。5个门襟扣的说法有好几种：一说象征五权宪法，即立法、司法、行政、弹劾、考试这五种权力各自独立；也有说是表示汉、满、蒙、回、藏五族共和。3个袖扣则表征民族、民权、民生，即三民主义。衣袋上的4粒纽扣含有人民拥有的四权：选举、创制、罢免、复决。盖兜的倒山形是笔架的象征，表示对文化人的倚重。后背不破缝，表示国家和平统一之大义。

(a)   (b)

图4-3-3 中山装基本形制

（2）中山装的制作融汇了中西服装制作技术。中山装是西服中国化的成功之作，它在制作中运用西服的裁剪技艺，注重人体的比例和生理特征，以胸围尺寸为主导，分段剪裁，其肩位、胸背、袖窿，按胸围的一定比例加以精确计算，再通过垫肩、收省的技术，突出人体的曲线造型，使之穿着更加合体。在缝制过程中又运用了中国传统服装制作中缝、撬、镶、滚、绣、绞、拔、搬等工艺，使中西缝纫技术有机地融为一体，有力地推进了中国服装业的发展。

（3）中山装的创制体现了中西服饰审美理念的统一。如前所述，中山装是借鉴西服样式的，因此，它具有西装这一西方服饰审美文化的特征。主要表现在注重人体造型，注重借服饰来体现和传达人体美的美感。譬如肩部衬上垫肩，显得平直、饱满，可以弥补溜肩缺陷；胸部垫胸衬，使胸部平整、挺括、丰满；腰节处略加收拢，既不影响舒适性，又给人一种收腰挺胸、凝重干练的美感，充分体现了人体美。中山装的整体造型表现出严谨、整饬和大方的风格。它将西服的敞领改为关闭式立翻领，5个门襟扣从领脚处开始成直线型向下，硬领处又装以风纪扣，将领子严严实实地关上，符合中国人内敛、持重的性格特征；它将西装的3个没有实用价值的暗袋改为4个明袋，如此"双双""对对"，颇具均衡对称之感，很符合中国人的审美心理；左上袋盖靠右线迹处留有约3 cm的插笔口，用来插钢笔，下面的两个明袋裁制成可以涨缩的"琴袋"式样，用来放书本、笔记本等学习和工作必需品，衣袋上再加上软盖，袋内的物品就不易丢失，这样的设计不仅美观而且实用，是中国服饰文化中"利身便事"服饰审美观的体现。

三、中山装的精神特征

每个国家、每个民族都具有自己本民族的精神特征，这些民族精神的特征是通过不同形式体现的，而服饰正是体现一个民族的民族精神的主要元素之一。中山装的出现，改变了民国时期陈旧迂腐、保守落后的长袍马褂和带有殖民主义、反民族主义缺陷的西式服装充斥中国男装市场的局面，它是一种既体现民主气派的民族精神，又体现西方近代民主、平等、开放精神的新式男装（图4-3-4）。

（a） （b）

图4-3-4　穿中山装的民国青年

1949年10月1日，毛泽东身着一身黄绿色的中山装，站在天安门城楼上向全世界人民宣布"中华人民共和国成立了"，从那一刻起，中山装便成为新中国标志性的服饰。此后，党和国家领导人出席正式场合，都穿着中山装，中山装成为新中国时期的礼仪服饰。1954年，周恩来总理代表新中国出席日内瓦会议，1955年出席万隆会议，都是身着中山装。在西方各国代表普遍都穿西装出席的国际会议上，周恩来总理一身潇洒的中山装，独树一帜，犹如鹤立鸡群，将中山装特有的精神气质展现在各国元首的面前，也将新中国的精神面貌和光辉形象展现在世人面前。中山装的创制，是中国服装史上最伟大的变革之一。

课后拓展

讨论

为什么说中山装是影响深远的服饰改革，是中国服装史上最伟大的变革之一？

思考题

1. 简述中山装的设计特点。
2. 中山装的设计糅进了许多中国传统文化意识，请说一说4个口袋代的寓意是什么？
3. 中山装的制作融汇了哪些中西服装制作技术？

第五章
少数民族华服

《史记》中提道："百里不同风，千里不同俗。"因此，不同地区的穿衣风格自然有很大不同。我国是五十六个民族组成的大家庭，正是由于各具特色的民族文化的交汇融合，中华民族才拥有举世无双的中华文化。其中，少数民族服饰也是民族文化的一大特色。每个少数民族都有着自己民族特色的服饰。

少数民族服饰作为民族物质文明和精神文明的结晶，在今天看来，其所蕴藏的文化价值与审美心理与我们现在所接触并习惯的时代文化心理是有差异的，但是它所带来的历史的联想和差异性的文化联想正是它的魅力所在，这也是文化多元化一个不可忽视的资源。

只有发扬出少数民族服装的特色和独特韵味，打开少数民族风格的融入方式，才能使得我们的华服民族风能够在世界的舞台上漫姿飞扬，让以它质朴、深沉、内敛的优秀潜质在现代服饰中光芒闪耀。

课件：少数民族华服

第一节　五色衣裳——苗族百褶裙

学习导入

少数民族苗族服饰是中国传统服饰中宝贵的财富，苗族"好五色衣裳"，手工织造制作的服装十分珍贵。苗族服饰就是苗族人的文化符号和民族象征。在日常生活中，苗族百褶裙更兼具驱灾辟邪，祈吉纳福的妙用。苗族妇女的地位极高，她们所穿着的百褶裙也被赋予了"魔力"。苗族人民不仅在屋内屋外挂满百褶裙，出门时也会随身携带，实际已经承担了"保护神""吉祥物"的作用。

一、百褶裙的民间传说

苗族服饰式样繁多、色彩艳丽,堪称中国民族服装之最。苗族妇女上身一般为窄袖、大领、对襟短衣,下身穿百褶裙。衣裙或长可抵足,飘逸多姿,或短不及膝,婀娜动人。色彩斑斓的百褶裙,不仅有着令人神往的艺术韵味,更有着丰富的文化内涵。

关于苗族百褶裙(图5-1-1)的由来,有这样一个传说。据说,人们原先只穿芭蕉叶或兽皮御寒遮羞,后来学会纺纱织布,才穿上衣裳,但早先的女裙并没有褶。一天,有一位老婆婆在山上无意中看到一个红绿相间的蘑菇,煞是好看。蘑菇的底面有着向心排列的褶子,整整齐齐,密密麻麻,恍若光芒四射的太阳。老婆婆想道:"若把自己的裙子打上千百个褶,展成圆形,不就像蘑菇背面那样美丽了吗?"于是,老婆婆回家做成了百褶裙。其他妇女纷纷效仿,逐渐形成了苗族妇女的传统服装,走起路来,裙子摇曳,婀娜多姿,深受她们的喜爱。这类传说故事,反映了苗族妇女的聪明和爱美的心情,也反映了她们的服装款式取材于大自然。

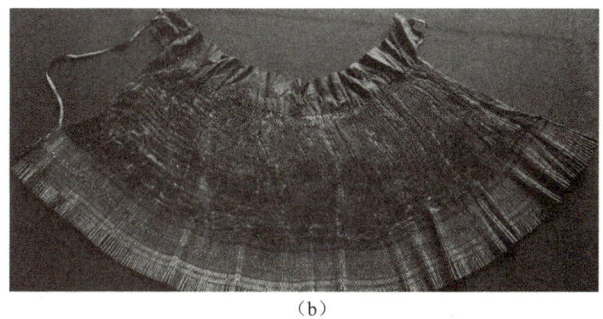

(a)　　　　　　　　　　(b)

图 5-1-1　苗族百褶裙

二、苗族百褶裙的工艺特点

苗族百褶裙无论是面料还是裙身上面的装饰及固定线迹都是来源于大自然的材料。苗族百褶裙的材料多为棉布,也有少量的麻布和丝绸。

苗族百褶裙工艺过程复杂(图5-1-2)。首先,将从大自然取来的材料进行纺纱成线,然后将纱线以经纬线交叉的方式编织成布。幅宽大多在一米左右,长度在八尺至一丈之间,并根据不同面料需求稍做调整。随后,将布料染色。最后,在百褶裙上进行补绣装饰,各类手工缝迹线手法千变万化,巧夺精工。苗族百褶裙鲜艳的服装色彩,丰富的图案内涵,都能在补绣这一工艺上完美展现,百褶裙最后一道工艺就是缝合成裙。这样,一条精美的苗族百褶裙就这样通过苗族人巧夺天工的手艺完美展现出来。苗族将"织、补、绣"三种工艺结合起来,创造了色彩鲜艳、层次丰富的苗族特有的民族服饰。

（a） （b）

图 5-1-2 百褶裙工艺过程复杂

三、苗族百褶裙的样式

苗族百褶裙采用了规则且均衡的褶皱形制，在传统审美中是非常常见的表现形式。这种对称手法在生活中处处可见，在视觉上达到完美的对称感及有序的韵律美，给人典雅、协调、整齐之感，符合人们的审美习惯。苗族的百褶裙由裙首、裙身、裙脚三部分组成，其中以裙脚部分最为美观且重要。

苗族的百褶裙的设计手法如下：

（1）素色百褶裙，如白色、蓝色、黑色或黑红两色相间，在苗族百褶裙中最为朴素，一般为苗族妇女的日常装，裙长较短，齐膝或仅遮住臀部。这种百褶裙适宜于劳作，具有较好的功能性，又不失韵律美（图 5-1-3）。

（2）蜡染百褶裙，分为蓝色蜡染百褶裙和彩色蜡染百褶裙。蜡染部分一般为百褶裙的下截，蜡染纹样一般为抽象几何和花卉，在蜡染部分辑红线起装饰作用。

（3）织锦百褶裙，织锦部分位于百褶裙的中截，大多为简单几何或汉字纹样，简洁朴素。

（4）挑花百褶裙，挑花部分常位于裙摆，挑花分为十字挑和人字挑，一般在浅色地上挑红、黄等色，色彩明亮、富丽。

（5）刺绣百褶裙，在深色地上刺绣，纹样有简单几何、花卉、人形等，色彩艳丽，风格浓郁（图 5-1-4）。

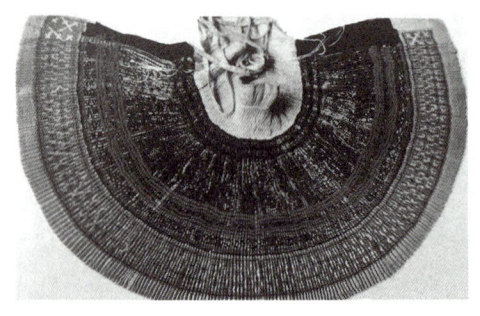

图 5-1-3 素色百褶裙   图 5-1-4 刺绣百褶裙

（6）多种布相拼百褶裙。不同颜色、不同材质、不同形式布料的拼接，很具有当今的解构特色。

（7）贴花百褶裙，在深色地上堆贴色彩明快的布块、布条。另外，不同手法的组合如蜡染与挑花百褶裙、蜡染与织锦百褶裙、流苏百褶裙等使得百褶裙形式更加丰富多样，风格更加浓郁、绚丽。

课后拓展

讨论

如何从现代审美的角度来解析苗族百褶裙的时尚？

思考题

1. 简述苗族百褶裙的工艺特点。
2. 简述苗族百褶裙独特的设计手法。
3. 简述苗族的百褶裙的样式构成。

第二节　风花雪月——白族金花头饰

学习导入

中国少数民族的头饰绚丽多姿，是一脉相传的文化瑰宝。以其繁多的种类、鲜艳丰富的色彩面料及深刻独特的文化内涵组建成头饰文化的艺术殿堂。头饰文化的特殊性，不仅是作为一种外部的标志符号，更多的是彰显本民族深层次的文化内涵。当我们置身于少数民族头饰文化中时，便会被其绚丽多姿的内涵所震撼，而大理白族金花头饰就是艺术殿堂中一朵璀璨的瑰宝。

一、白族服饰简介

白族是中国西南边疆的一个少数民族，主要聚居在云南省西部以洱海为中心的大理白族自治州。

白族服饰（图5-2-1、图5-2-2）体现出的总体特征是：用色大胆，浅色为主，深色相衬，对比强烈，明快而又协调；挑绣精美，一般都有镶边花饰，装饰繁而不杂。将其地域特点与白族服饰特色联系考察大致可寻出这样的变化趋势：白族服装越往南显得越艳丽饰繁，越往北越见素雅饰简；就山区与坝区比较，山区白族穿着较艳，坝区白族相对较素。看过电影《五朵金花》的人，都对白族的服饰有着深刻的印象。阿鹏的服饰，上身着白色对襟衣，外套坎肩，下穿白色或蓝色宽裤，头缠白包头，肩挂绣花挂包，这种装饰色调明快大方，彰显了白族男性的英俊潇洒。

（a） （b）

图 5-2-1 白族服饰

（a） （b）

图 5-2-2 白族男女服饰

二、头饰"风花雪月"的主要特征

"风、花、雪、月"分别取义于大理"下关吹拂的清风、上关盛开的山茶花、苍山之顶的白雪、洱海之滨的明月"。当这些优美的取义运用在金花头饰上时，人们可以从中去遐想并感受大理白族人民的生活环境，领悟白族人民独特的审美情趣，以及他们对生存环境的热爱之情。

"风花雪月"的结构造型：

大理白族金花头饰以白色为主色调，寓意大理点苍山的皑皑白雪，而青色则隐喻大理湖滨地区农耕者自然朴实纯真的情感，是对大地的取色，也是对洱海之滨的深情着色。用"白心"来形容人的心地善良，以"心青"来形容明白事理的人，这两色的运用及它们的含义在白族人的内心已根深蒂固。

大理白族金花头饰（图5-2-3）主要由弯月形的帽子为主体，即是洱海之滨的月；头饰左侧垂直悬挂而下的须穗即为下关风；帽子顶部上方密实的洁白须穗象征点苍山的皑皑白雪，帽子主体上方的花饰图案寓意上关花组成，四者共同演绎出大理的"风花雪月"情。

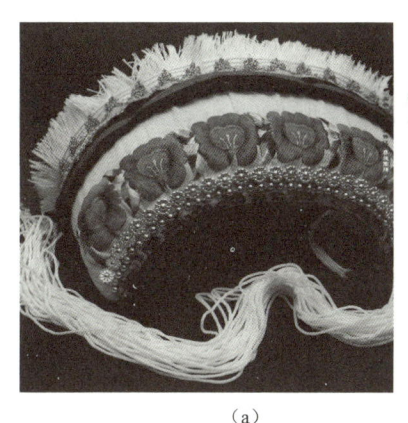

（a）　　　　　　　　　　　　　　（b）

图5-2-3　大理白族金花头饰

1．垂下的缨穗——下关风（精神气节）

金花头饰中垂直而下的缨穗是最为闪耀出彩之处，其由诸多丝线扎制而成，雪白的缨穗垂于头饰左侧，随着人移动而左右前后相应摆动，使得白族金花格外优美动人，当阵阵清风吹拂缨穗而过，其随风轻盈舞动，飘逸传神摇曳多姿，寓意为终年吹拂的下关风。

2．金花头饰

金花头饰中帽子的主体上刺绣了多种纹饰和山茶花，色泽鲜艳美丽，金花发辫下盘起的绣花头巾，好似那盛开在山顶的山茶、杜鹃，将上关花开时的花团锦簇、姹紫嫣红的花海体现出来，寓意了大理四季盛开的鲜花美景。

3．白绒的帽檐——苍山雪（品洁寓意）

将绣花头帕上梳理出的白色细密短须毛绒粘制于帽顶，茂密雪白且柔软细腻，形象地体现了苍山顶经夏不消的皑皑白雪，在光照下熠熠生辉，因此，将其喻为苍山的雪。

4．头饰主体形状——洱海月（托物志向）

将头饰的整体造型做成弯月形便于穿戴（帽体后方通过细绳或暗扣的连接会更加稳固牢靠），从远望去，金花头顶上宛如上空升起的弯弯明月，与倒映在洱海的月交相辉映，因而视为洱海的月。在大理地区，"洱海月"也被白族人称为"金月亮"，是人们对美满生活的寄托与向往。

这一顶漂亮的头饰囊括了大理"上关花、下关风、苍山雪、洱海月"的优美四景，让观赏者仅通过欣赏头饰所蕴含的符号象征就能体会出大理人民对家乡自然的热爱之情，以及大理白族人民自身的审美情趣。

课后拓展

讨论

理解白族头饰"风花雪月"的审美特征。

思考题

1. 简述白族服饰的总体特征。
2. 简述白族"白"的寓意。

第三节　载歌载舞——蒙古族长袍

学习导入

蒙古袍是蒙古族的传统服饰。蒙古袍从材料、工艺、款式到穿着方式及使用过程都体现了本民族的风俗特点，是蒙古族传统文化的精髓之一。

一、蒙古袍的文化内涵

在内蒙古、新疆等地牧区，男女老幼一年四季都喜欢穿长袍，俗称"蒙古袍"。

蒙古袍的穿着是一件正经、严肃的事情，整洁端正的穿戴无论对自己还是对别人都是一种尊重。穿袍子时，一定要穿靴子，戴帽子。尤其到祭祀的时候，必须是袍子、靴子、帽子配套，这样才显得整体协调，严肃庄重。

蒙古袍作为一种传统服饰，已成为蒙古族的象征。有蒙古袍出现的地方，就有蒙古人的豪爽和豁达，就有悠扬的长调和优美的舞姿。图5-3-1为元代贵族蒙古袍。

(a) (b)

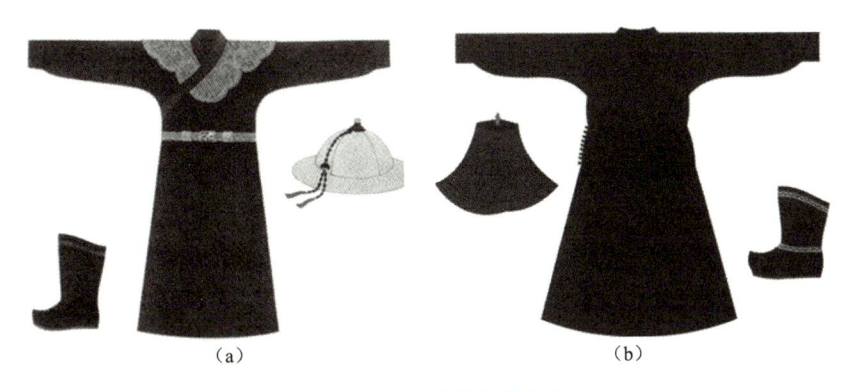

图 5-3-1　元代贵族蒙古袍

妇女袍子上有一个特别引人注意的地方，是右上襟扣子上的装饰，这个装饰细腻精致，小巧玲珑，蒙语叫作"哈布特格"。这是用两片浆过的布，垫上棉花，裹上绸纱缝制成的一种空心小夹子，形状多种，有的像桃、石榴，有的像蝴蝶、葫芦，上面用五光十色的金银丝线绣各种花纹图案和鸟兽。

二、蒙古袍的服饰特色

蒙古族无论男女都爱穿长袍。长袍身端肥大，袖长，多红、黄、深蓝色。男女长袍下摆均不开衩。红、绿绸缎做腰带。男子腰带多挂刀子、火镰、鼻烟盒等饰物。喜穿软筒牛皮靴，长到膝盖。东部亦农亦牧地区蒙古族多穿布衣，有开衩长袍、棉衣等，冬季多毡靴乌拉，高筒靴少见，保留扎腰习俗。男子多戴蓝、黑褐色帽，也有的用绸子缠头。女子多用红、蓝色头帕缠头，冬季和男子一样戴圆锥形帽。未婚女子把头发从前方中间分开，扎上两个发根，发根上面带两个大圆珠，发梢下垂，并用玛瑙、珊瑚、碧玉等装饰（图 5-3-2、图 5-3-3）。

图 5-3-2　元代男服蒙古辫线袄　　图 5-3-3　现代男女式蒙古袍

内蒙古地域辽阔，自然环境、经济状况、生活习惯不同，形成了各具特色、丰富多彩的服饰，如巴尔虎、布里亚特、科尔沁、乌珠穆沁、苏尼特、察哈尔、鄂尔多斯、乌拉特、土尔扈特、和硕特等数十种服饰。基本形制为长袍、下摆两侧或中间开衩，袖端呈马蹄袖。已婚妇女袍服外面还配有长、短不同款式的坎肩。不同特色的蒙长袍中区别最大的是妇女头饰，如巴尔虎蒙古族妇女头饰为盘羊角式，科尔沁蒙古族妇女头饰为簪钗组合式，和硕特蒙古族头饰为简单朴素的双珠发套式，鄂尔多斯蒙古族妇女头饰最突出的特点是两侧的大发棒和穿有玛瑙、翡翠等宝石珠的链坠，使鄂尔多斯头饰成为蒙古各部族中的佼佼者。蒙古族服饰以袍服为主，便于鞍马骑乘，具有浓郁的草原民族特色。蒙古族服饰以自己独特的风格和精湛的制作工艺，立于我国乃至世界服饰之林而经久不衰。

三、蒙古族服饰刺绣与镶嵌

自古以来草原的姑娘从小就学习刺绣艺术，主要师从于母亲，刺绣将伴其一生。元朝以前，古代蒙古人在生活中就很注重刺绣艺术，而且应用范围广泛。

蒙古族生活在地域辽阔的美丽草原上，这就形成了东、西部文化的差异，从服饰到服饰刺绣图案，能了解蒙古族人民浓厚的生活气息。她们的绣花工艺以精美著称。蒙古族服饰刺绣中，绣线浮凸于布帛及各类皮革之上，姿态各异的针法在绣面上形成丰富多变的触觉肌理，有的粗犷、有的细腻，并且以明快的纹样形象凸现出来，产生一种浮雕的视觉效果。炫奇夺巧的各种针法，各种肌理变化是刺绣艺术的重要审美。蒙古族服饰刺绣，明快响亮与质朴无华的色彩，强调颜色由淡到深进行色彩推移。图案在形式上也具有浓厚的装饰性，体现了图案与颜色协调、统一，同时融汇着蒙古人民对自由、和谐、幸福的无限渴望，形成装饰与实用完美结合的艺术形态（图5-3-4）。

(a)　　　(b)　　　(c)

图 5-3-4　蒙古袍精美的刺绣与镶嵌

蒙古民族服饰，是蒙古民族传统文化不可分割的组成部分。从上古到蒙古汗国，从元、明、清到现在，随着历史的发展，历代蒙古族人民在长期的生活和生产实践中，发挥自己的聪明才智并不断吸收兄弟民族服饰之精华，逐步完善和丰富自己传统服饰的服饰种类、款式风格、面料色彩、缝制工艺，创造了许多精美绝伦的服饰，为中华民族的服饰文化增添了一抹亮色。

课后拓展

讨论

蒙古族袍服地域不同，款式也有差异，讨论巴尔虎、布里亚特、科尔沁等不同地区的袍服特点。

思考题

1. 简述"蒙古袍"的总体特征。
2. 蒙古族服饰刺绣主要运用在哪些地方？

第四节　披星戴月——纳西族披肩

学习导入

披肩作为纳西族一种重要的文化现象，是纳西族个性的重要标志之一，也是纳西族在生存和发展过程中，为满足生活和审美需求而创造的物质和精神文明的结晶。七星披肩是纳西族最具有代表性的服饰符号，"披星戴月"是纳西族人文生态环境中特有的精神风貌，它所传递出来的文化意蕴，已经远远超出其他载体的功能和意义。了解纳西族披肩，就能了解到纳西族服饰的文化内涵，触摸到纳西族服饰文化的血脉和精神。

一、七星披肩

七星披肩，当地称为"披背"，纳西语叫作"优扼"，是纳西族妇女披戴于肩背上的一种独特的服饰（图5-4-1）。它是纳西族有别于其他民族的一种象征，是纳西族最富民族特色和地方色彩的服饰符号。七星披肩的艺术形式至今仍保留着纳西族悠久的历史传统，有着丰富的文化内涵，是纳西族妇女勤劳勇敢美德的象征。

图 5-4-1　穿七星披肩的纳西族妇女

每个纳西族人都有一件七星披肩，现在披肩成为大多数妇女的装饰，也叫作"披星戴月"。披肩上缀有七个一字排开、大小相同、直径为两寸左右的绣制精美的圆形图案。每个圆中心垂下两条鹿皮带。整个披肩以白色宽带相绕，带稍端系垂于后。这种装束的来源说法不一，有的说七个小圆形象征七颗星星，寓意为"披星戴月"，歌颂妇女的勤劳；也有的说是古代时图腾崇拜的标志。

二、七星披肩的形制与功能

1．七星披肩的形制

七星披肩是由羊皮和加厚布缝制而成，因此也称为七星羊皮披肩。从造型上看，它上半部分呈长四方形，缀以长方形的粗毛呢衬布，盖住约三分之一的羊皮光面。七星披肩的下半部分的底部近似大括号，一面为羊毛，另一面为羊皮。在羊皮颈的上部边沿两边，对称缀有两条长长的洁白布带，带尾用十字绣针法绣有的海螺、水波浪、盆花、灯笼、蜜蜂、蝴蝶等图案。这两条布带称为背带，纳西语称为"优扼货"。穿戴时，将羊皮披在背上，然后将两条长长的背带在胸前交叉，然后再绕回背后下端把羊皮系紧（图5-4-2）。

（a） （b） （c）

图 5-4-2　七星披肩的基本形制

2．七星披肩的主要功能

（1）御寒。由于纳西族所在地区是早晚寒冷，为了抵御风寒，羊皮披肩成了纳西族妇女的首选。

（2）负重垫背。纳西族的女子健壮爽朗，以勤劳能干著称，她们主内忙外，勤持家务。由于劳动中她们需要背负重物，而羊皮披肩耐磨耐重，很适宜背东西。

（3）美育功能。羊皮披肩从色彩、材质到整体造型都表现了纳西族的审美观念。它保护身体，美化生活，使纳西族女性服饰从实用走向艺术。

三、七星披肩的刺绣图形

纳西族羊皮披肩七星和飘带上的各种刺绣图形，以及其整体颜色在纳西族日常生活中占有极为重要的地位。它不仅装饰了纳西族妇女的服装，而且从中反映出自然物存在于纳西族生活民俗的方方面面（图5-4-3）。

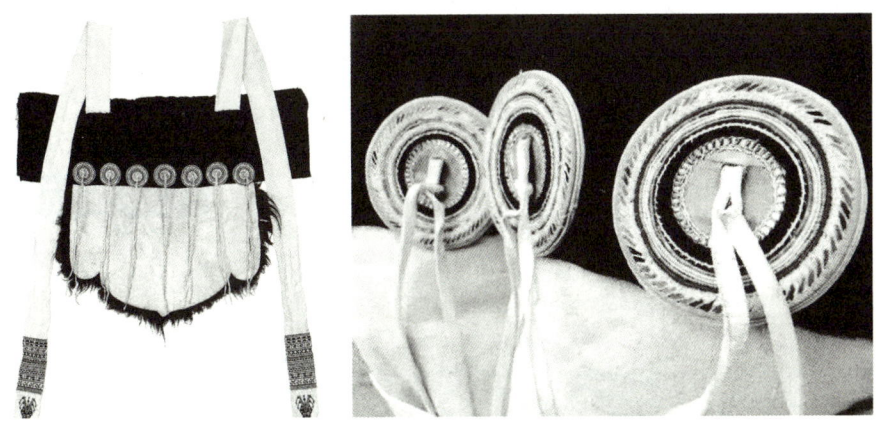

图 5-4-3　羊皮披肩七星和飘带上的各种刺绣图形

披肩上的刺绣图形有各种自然物形象，主要有以下三种：

（1）花朵：羊皮飘带经常绣上花朵，如串枝花、梅花和花盆。也有人认为披肩上的"七星"图案最早叫作"巴含"，意思是纳西人喜爱的"绿色花片"。

（2）蝴蝶：飘带上的蝴蝶图案源于一个美丽的传说。一只"蝴蝶"寄托了多少人对美好生活的向往，对自由爱情的呼唤。

（3）银河和星星：在东巴经里早已有丰富的古代天文历法知识。东巴象形文中有反映天文历法知识的专字，如天、日、月、星、云、雨、雪、雷、电、风、气、光等；表示时令的字，如年、日、月、时、昼、夜及春、夏、秋、冬等；表示方位的字如东、南、西、北、中央等。披肩飘带上的"银河和星星"形象地反映出古代纳西人朴素的天文思想，以及其智慧的光芒和思辨能力。

正如郭沫若所说："衣裳是文化的表征，衣裳是思想的形象。"纳西族披肩充分体现了劳动人民勤劳朴实的优秀品格和朴实的审美情趣，它既具备了手工艺术的特点，又蕴含着深刻的文化内涵，是了解纳西族文化的极佳途径。纳西族披肩不仅具有实用价值，而且还具有丰富的文化和艺术内涵。研究纳西族披肩可以从一个侧面加深对少数民族民俗艺术的理解，更好地开展对少数民族民俗艺术这一宝贵财富的保护与传承工作。

课后拓展

讨论

纳西族羊皮披肩和飘带上包含哪些刺绣图形？

思考题

1. 简述七星披肩的形制。
2. 七星披肩的功能有哪些？

第五节　望谟之格——布依族土布

学习导入

贵州省境内的布依族是一个崇尚纺织的民族，他们固守着"选婿看犁田，择妻观纺织"的传统思想观念。在布依族的《摩经》中有反映纺织手工技艺的内容，讲述了布依族先民从编织到纺织的转变。布依族古歌《造棉造布歌》中唱述了先民发现棉花，并用作纺织的场景。靠着千百年来口传心授，母传女，师传徒等方式，布依族"种棉、织布"的习俗被代代相传下来，传承至今。

一、望谟布依族土布

布依族土布（图 5-5-1），布料厚实、牢固；其色泽蓝里带青、青中透红，具有独特的风格。用土布制作成的各种衣、裤、裙子、围裙、飘带、系带、花鞋等制品，式样古朴典雅，落落大方，图案花样多，有柳条、格子、斗纹、斜纹等，具有很高艺术水准。

土布制作工艺流程复杂，每道工序均由手工完成，其细腻程度和要求之高，是其他类手工技艺劳动难以比拟的。这些手工技艺是布依族人民长期的智慧结晶，且难以为现代技术所替代，它始终与布依族的生活、文化样式生息与共。用土布做成的各种民族服饰具有独特的风格和丰富的文化内涵，集中反映了古代布依人的生活、风俗习惯和宗教信仰等。

（a）　　　　　　　（b）

图 5-5-1　细腻漂亮的布依族土布

二、布依族土布制作工艺

布依族土布制作是望谟县布依人世代流传下来的手工传统织布工艺，土布是布依族服饰、床单和其他日常生活用品的主要原料。布依族土布制作的纺织工艺有四道：第一道工序是弹棉花、滚棉条；第二道工序是纺线、挽线、煮线、染色，染布用蓝靛和青杠树皮做染料（图5-5-2）；第三道工序是绕线、梳理、布经；第四道工序是上织布机，进行手工织布。

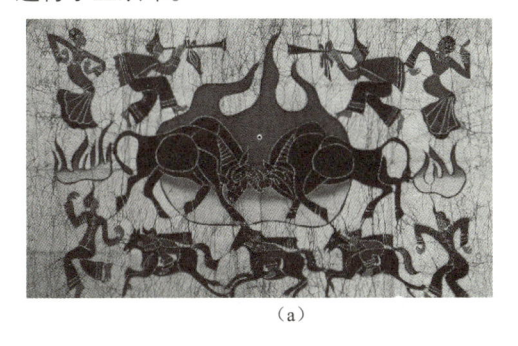

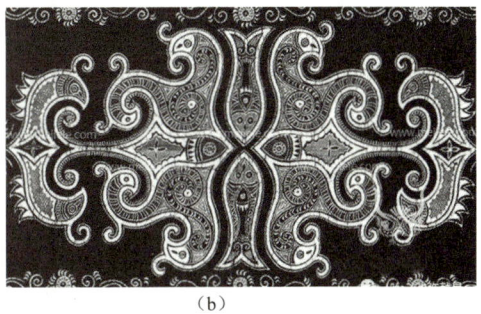

(a) (b)

图 5-5-2　用蓝靛和青杠树皮做染料

随着现代经济和技术的发展，外来文化的冲击导致审美方式的改变，现在的年轻人已不再穿本民族服饰，部分还穿民族服饰的中老年人，因为怕麻烦，制作的服饰已开始采用料子布。由于土布制作工艺复杂，技术难度大，习艺周期长，加上布依族地区大批的年轻人外出经商和打工，分散到全国各地，因而没有人能坐下来学习土布制作技艺。目前，土布制作工艺已面临失传。图5-5-3 为用土布制作的布依族服装。

图 5-5-3　用土布制作的布依族服装

课后拓展

讨论

布依族土布制作分为哪几道工序？

思考题

1. 简述布依族土布的基本特色。
2. 布依族土布是如何传承至今的？

第六节　若木若水——彝族图腾与服饰

> **学习导入**
>
> 川滇交界处的凉山彝族自治州，有着中国最大的彝族聚居群——凉山彝族。凉山彝族的历史溯及以往已有千百年，漫漫年岁里，彝族在凉山这片富有古老文化和绚丽文明的土地上，繁衍生息。千百万年来，彝族经历着沧桑的历史巨变，依附着蜿蜒于崇山峻岭之间的古道，在金沙江滔滔不绝的源泉之水滋润下孕育了一个个富有文化传统的古老民族。彝族图腾传承和保留着中国彝族最古朴、最浓郁、最独特的文化传统，创造了独特而优秀的民族文化。

一、彝族的图腾崇拜

彝族的图腾崇拜来源于对自然界某些物类的超自然观念。原始人相信，每个氏族都与某种物类有着亲属或其他特殊关系，每个氏族都以图腾物作标志加以区别。凉山彝族崇拜的图腾物也很多，几乎每个支系都有自己的图腾。虎就是彝族氏族部落社会时期罗罗部落的图腾，今天的罗罗支系后代仍然崇拜虎。彝族妇女将虎的图腾抽象后绣于服饰及各种生活用品上，表达自己对虎图腾的崇拜，同时将虎图纹用于服装上又增加了驱鬼避邪和象征吉祥安康的意义在里面。在佩饰上，以诺女子在胸前佩戴修饰过的獐牙来避邪，所地男子在胸前佩戴象牙、野猪牙、虎爪、白熊爪等来避邪。这些正都反映了彝族支系对獐、大象、猪、熊等动物图腾的崇拜和信仰。图 5-6-1 为彝族动植物图腾。

图 5-6-1　彝族动植物图腾

彝族图腾崇拜分为古代图腾崇拜和近代图腾崇拜。在近代图腾崇拜中则又因为地域性的和家族性的图腾的不同，让图腾崇拜的对象各有不同。古代彝族的图腾崇拜，不仅在彝文经典中有大量的史料记载，而且在今天的凉山彝族的社会生活中也有不少图腾崇拜的遗迹，依稀可见，保留至今。例如，在如今的凉山彝族社会中，每一个成年男性一般都能讲出自己的氏族图腾。人们在日常交往中，第一次见面的彝族人彼此之间要先问清彼此是否属同一氏族，如果不是则开始为下一代说媒作嫁。

二、凉山彝族传统服饰

凉山彝族传统服饰大致可分为以诺、圣乍、所地三种主要样式，下面将从这三个方面分析凉山彝族传统服饰的地域分布及其特征。

1. 以诺式

"以诺式"流行于凉山州东、北部的美姑、雷波、峨边、马边、甘洛、昭觉等县的部分地区，该地区彝族人所讲的是"以诺"方言，俗称"大裤脚地区"。

男子服饰：青年男子从小就喜欢留"天菩萨"，也就是在前额上方留一块二、三寸长的头发，这个地方是神圣不可侵犯的，它象征着男子的尊严，外人是绝对不能触摸的。他们一般会在左耳戴上两、三颗串成一串的蜜蜡珠，胸前还要挂个麝香包。上衣穿无领、紧身、窄袖的大襟衣，衣服上喜欢绣月牙、窗格、火镰、牛眼等精美图案，下装则是富有地域特色的大摆大裤脚（图5-6-2），最宽可达170 cm，走起路来像着裙装。

图 5-6-2　大裤脚

女子服饰：未婚女子喜戴头帕（即在头顶用发辫压住形似瓦片的多层青布头帕），婚后则只是增加头帕的层数，她们的头帕非常漂亮，上面都是用手工绣的精美花纹，其中花草图案最多。生育后的女子则将头帕换成荷叶帽，以示区别。

2. 圣乍式

"圣乍式"流行于凉山州中西部的喜德、越西、冕宁、西昌、盐源、木里、德昌、盐边、石棉、泸定、甘洛、昭觉等县的部分地区。该地区彝族人所讲"圣乍"方言，俗称"中裤脚地区"。

男子服饰：该地区的男子有的喜插"英雄髻"，有的则缠青布头帕。男子上衣分外衣、内衣和坎肩三种，外衣是大襟右衽的，而且领子短。青年男子上衣以紧身、袖窄为美，衣襟、衣摆处会用有色布镶饰，而中年男子的上衣较为宽大，在上面不饰边也不绣花，以素为美（图5-6-3）。

图 5-6-3　中裤脚

女子服饰：女子头戴挑花头帕，头帕为瓦片形，多为几层，头帕上绣有精美的挑花图案，该头帕相对于以诺地区的轻，而且薄，而生育后的妇女和以诺地区一样也改戴荷叶帽。耳饰一般选两红中黄的大块蜜蜡珠，下面留须，另外，生育后的妇女还戴珊瑚和银串珠。女子上衣袖窄，外罩坎肩，坎肩上绣了美丽的花纹，其中以鸡冠、窗格和火镰纹样为主，底襟饰蕨岌纹样。

3．所地式

"所地式"主要流行于凉山州南部的布拖、普格、金阳、宁南、会理、会东、德昌、西昌、昭觉、盐源、米易等县的部分地区。该地区彝族人所讲的"所地"方言，俗称"小裤脚地区"。

男子服饰：男子喜缠头帕，且多以青布缠头。耳饰喜戴一个黄色的大块蜜蜡珠，上串七、八个小红珠。男子上衣以短且紧身为美，镶银扣，下摆以黄色或红色边为饰。常常以避邪之物象牙、麝香、野猪牙、虎爪、白熊爪等作为胸饰。下着裤子，裤子以腰大、裤裆宽、裤脚小为特点（图5-6-4），并且喜欢在裤裆中心饰以太阳图纹。

女子服饰：未婚和已婚未育女子都喜欢包头帕，用花线锁边后的青布头帕折叠后戴于头顶，呈梯形。

图5-6-4　小裤脚

三、凉山彝族的服饰色彩与图案

凉山彝族的服饰以黑色为贵，大部分男子的传统服饰全身都为黑色，女子服饰以黑、蓝、青为底色，女帽也以黑布为底。这是彝族尚黑的一种表现，从传统服饰的色彩中我们可以看出彝族人的祖先崇拜情结。

蕨（jué）岌（jí）纹是凉山彝族传统服饰最主要的纹饰，那是因为彝族的祖先对蕨类植物充满了崇敬和喜爱。蕨岌是世界上最古老的多年生草本植物，无论酷暑严寒，都能成片生长，有着非同一般的顽强生命力和繁殖能力。图5-6-5为凉山彝族的服饰色彩与蕨岌纹。

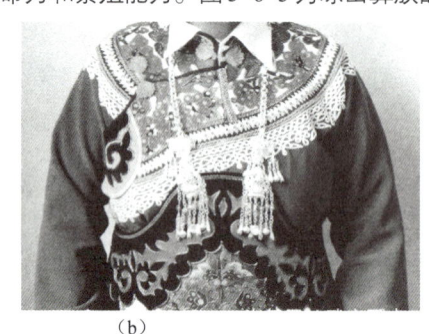

（a）　　　　　　　　　（b）　　　　　　　　　（c）

图5-6-5　凉山彝族的服饰色彩与蕨岌纹

彝族人崇拜火，特别是生活在高寒山区的凉山彝族人，他们对火有很强的依赖性，他们认为火是一种可以驱散黑暗中一切鬼邪，给人带来吉祥、平安的神，于是产生了崇拜火的思想。

凉山彝族历史悠久、支系繁多，其传统服饰内涵丰富，已成为彝族文化中的一个活的载体。在长期的社会生活和实践中，彝族民间形成了本民族共有的信仰体系：他们在对日月星辰、山川、动植物等自然万物的崇拜中形成万物有灵的自然崇拜，由和动植物的密切关系而形成图腾崇拜，由灵魂不死而形成祖先崇拜，以祖先崇拜为核心，集自然崇拜、图腾崇拜和灵物崇拜为一体的彝族民间传统信仰，具有浓郁的原始宗教色彩。凉山彝族人将原始宗教信仰融入自己的传统服饰这一载体中，通过服饰色彩、服饰图纹、服装款式等显现出来，从而穿在身上世代顶礼膜拜。

课后拓展

讨论

凉山彝族传统服饰大致可分为以诺、圣乍、所地三种主要样式，探讨这三种服饰的地域分布及其特征。

思考题

1. 简述凉山彝族服饰的基本特点。
2. 为什么彝族人崇拜火？

第七节　光辉若云——黎族黎锦

学习导入

黎族是中国 56 个民族之一，是唯一聚居海南岛的少数民族。黎族没有自己的文字，但黎族传统纺染织绣技艺——黎锦，至今已有 3 000 多年历史。黎族人民在制作黎锦时所使用的纺、染、织、绣方法，是中国乃至世界上最为古老的棉纺织染绣技艺，该技艺被称为中国纺织业的"活化石"。联合国教科文组织于 2009 年将其列入"急需保护的非物质文化遗产名录"。

一、黎锦概述

黎锦，古称为"吉贝""崖州被""棉布"，是黎族的一种特色花布，是中国最早的棉纺织品。春秋战国时期，黎族就懂得了用木棉纤维纺织衣服。西汉时期，黎族人民纺织成的精美的"广幅布"被中央王朝定为"岁贡"珍品。三国时期，黎族人已会用吉贝制作"无色斑布"。

元朝时，松江的黄道婆从乌泥泾漂泊到海南三亚崖城，并在此居住 30 余年。黄道婆虚心向黎族妇女学习纺织技艺，融合黎汉两族人民纺织技术的长处，逐渐成为一个出色的纺织能手。但是，黄道婆始终怀念自己的故乡，元贞年间（1295—1296 年）终于重返故乡，在松江府教人制棉，并将当地原来手摇式只能纺一根纱的踏车，改进为一手能纺三根纱的三锭棉纺车，使纺织速度大大提高。黄道婆去世以后，松江府成为全国最大的棉纺织中心，推动了长江中下游棉纺业的发展，掀起持续数百年的"棉花革命"，造就了松江布"衣被天下"的传奇，黄道婆由此被称为中国纺织业始祖。自宋代到清代，黎锦精华之作多有向朝廷进贡的珍品，高度浓缩了黎族的历史与文化，清代学士程秉钊有"黎锦光辉艳若云"的诗句，赞叹之情溢于言表。

灿烂的黎锦织绣艺术，以清代进贡朝廷的珍品"龙被"最为驰名。"龙被"工艺精湛，风格古朴典雅，文化内涵丰富，是工艺难度最大、文化品位最高的黎族织锦之一。黎锦配色以黑、棕为基本色调，青、红、白、蓝、黄等色相间，花纹图案有人物、动物、植物、山水和吉祥物等一百二十多种。除筒裙外，用黎锦做的花幅、壁挂、花带、挂包等工艺品颇受人民的喜爱（图5-7-1）。

（a） （b）

图5-7-1　黎锦织绣艺术

二、黎族传统纺染织绣技艺

黎族的纺织技术包括纺、染、织、绣四大工序。

（1）制作黎锦首先是纺线，主要工具有手捻纺轮、脚踏纺车等形式。手捻纺轮，只有一根捻线棍，将事先采摘并去籽的棉花卷拉成条干均匀的细线，一头用捻线棍牵引，把捻线棍放在腿上急速地滚搓后便松手，捻线棍在空中旋转时，不但将棉花纺成了棉线，还能自动地将棉线卷到捻线棍上。如此这般反复滚搓，捻线棍上的棉线也就越来越多，直至最后形成了一个厚实的棉锭（图5-7-2）。

（2）纺线之后是给线染上需要的颜色。黎族常用的染色原料是野板栗树皮、苏木、黄姜茎、枫树皮和叶谷木叶、蓝靛叶等植物染料。染色工艺中，最独特的是扎染。扎染是一种古老而独特的棉织工艺，也是棉纺史上最复杂的纺织技艺。其特点是"扎经染色"。苏东坡被贬居儋州期间，曾作《峻灵王庙记》，其中说到"结花黎"，指的就是黎族的扎染技艺（图5-7-3）。

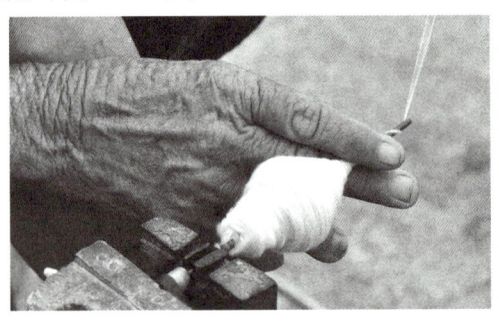

图5-7-2　手捻纺轮　　　　　　图5-7-3　扎染技艺

（3）织布，用踞织腰机进行织布；腰机简单轻巧，容易操作。

（4）刺绣，传统刺绣有单面刺绣和双面刺绣两种；刺绣的技术可根据针法、绣法和面料分为三个层次，把绣法、色彩、图案三者结合为一体。

三、黎族织锦花纹图案

黎族织锦图案主要反映黎族社会生产、生活、爱情婚姻、宗教活动及传说中吉祥或美好形象物等。其大体可分为人形纹、动物纹、植物纹、几何纹，以及反映日常生活生产用具、自然界现象和汉字符号等纹样（图5-7-4）。

动物纹主要有龙凤、黄猄、水牛、水鹿、鱼虾、青蛙、乌鸦、鸽子、蜜蜂、蝴蝶等。其中，龙纹、青蛙纹最为常见。

植物纹主要有木棉花、泥嫩花、龙骨花、竹叶花等花卉，以及藤、树木、青草等。常见的有木棉纹、花草纹等。

几何纹是利用直线、平行线、方形、菱形、三角形等组成的纹样，以抽象的图案表现在服饰上，反映出原始思维的某些特征。其内容丰富，色彩美观。

(a)   (b)

图 5-7-4 黎族织锦图案

通过学习研究，我们了解到了一个不一样的黎族，同时我们也应该深刻认识到，少数民族文化是众多文化遗产中的一部分。这些珍贵的文化遗产随着时代的变迁正在逐渐消失，所以我们应该多去关注和保护这些文化，这是一个时代一个民族的见证。大力挖掘、开发黎族织锦工艺对弘扬黎族文化、发展黎族自治区的经济起着至关重要的作用。

课后拓展

讨论

探讨黎族独特的黎锦的制作工艺与服饰风格。

思考题

1. 简述黎锦的制作工艺流程。
2. 简述黎锦动物纹样与植物纹样的图案特色。

第六章
当代华服

课件：当代华服　　当代服饰

在人类服饰这一斑斓的史册中，中国服饰是最夺目的一章。尽管自近代以来，中国也无例外地受到因工业文明而引发的西服东渐的冲击，但是，中国曾拥有过的"衣冠王国"的声誉不容贬损。

当今，越来越多的西方设计师也从中国服饰元素中寻找灵感。所谓"中国元素"是指具有中国典型民族特色的设计元素。这些元素包括：中国的丝绸、锦缎、麻、蓝印花棉布等面料；旗袍、中山装、兜肚、立领、斜襟、对襟、开衩等款式；团花、牡丹花、缠枝花、龙凤和汉字等装饰纹样；大红、大绿、明黄、蓝等色彩艳丽的民族色彩；镶、嵌、滚、盘、绣等中式工艺。纵观优秀的服装设计作品，都注重传统文化与时尚的巧妙结合，作为艺术文化的精华，中国元素在现代服装设计中扮演着十分独特的角色，是表达个性美的重要手段。在诸多中国元素中，中国特色的传统色彩、传统图案、传统工艺、传统款式的运用，通过现代服装设计传承中国传统文化。

中国元素在现代服装设计中扮演着不可替代的角色。闪光的中式面料，艳丽的民族色彩，传统的凤凰、牡丹、祥龙等中国吉祥图案，精致的刺绣、滚边、盘扣，这些最具民族特色的中国元素越来越多地被设计师们运用在时装设计中，成为表现中国风情的重要手段。

中国的服装设计品牌能走上世界舞台的寥寥无几，中国的服装业还有很长的路要走，而这条路也注定是一条曲折的路。中国设计师应该多了解民族文化，将中国文化真正地渗透进自己的设计中去。这种渗透更多的是融合，是在和谐的基础上进行更好的点缀。因此，服装设计必须注重精神和崇高的道德，这样才有助于设计出心灵自由、精神自由的产品。中国设计师应该注重对高尚人格与心灵的培养，在创作过程中，不应该被现实过于牵绊，否则将丧失那种不羁的想象力，进而丧失创新力和创造力。所以，面对世界发展潮流的现状，以及中国传统文化的现状，中国传统服装设计的发展道路，任重而道远。

第一节　和而不同——吉祥图案与时尚的融合

学习导入

> 经过千百年的传承与演变，人们习惯把吉祥图案界定在固定的范围内，使其寓意为福、禄、寿、喜、财。含有这些寓意的吉祥图案受人们的喜爱和膜拜，成为我国民族文化的宝贵财富。如何巧妙地将民族文化精髓吉祥图案元素融入现代服饰设计中，突显时尚的东方韵味，是我们亟须思考的问题。

一、吉祥图案的起源发展

吉祥图案作为我国传统文化的重要组成部分，深受人们的喜爱。它是接受了历史的洗礼而流传下来的美丽符号。"吉祥"本意为美好的预兆，吉者福善之事，祥者嘉庆之征。《周易·系辞》有"吉事有祥"之句，《庄子》也有"虚室生白，吉祥止止"之说。由此可见，吉祥图案是对未来的希望和祝福，具有理想的色彩。

我国的传统吉祥图案起源于距今六七千年的原始彩陶纹样，随着人类的发展而不断变化。它在人类对自然力的敬畏，人类向往超越自身之力的愿望、巫术、原始信仰的大背景下产生，是人们求福纳吉思想观念的表现形式。商周时期，服饰图案运用已具有鲜明的象征性和严谨的理性特征。战国时期服饰中的吉祥图案具有浪漫自由、关注人性、强调主观意识并具理想化的特征。秦汉时期服饰中的吉祥图案具有明快大气、动感奔放、简练多变的特征。隋唐时期服饰中的吉祥图案具有华丽优美、雍容大度、丰满的多元化特征。宋元时期服饰中的吉祥图案出现了优雅清淡与写实性的特点。明清时期服饰中的吉祥图案具有繁缛鼎盛、丰富多彩的特征。在漫长的历史发展演变过程中，这些吉祥图案成为祖先留下的一份宝贵的文化遗产。

二、吉祥图案体现的"和谐"内涵

"和谐"是我国思想观念的一个永恒主题，从传统吉祥图案的图形元素来分析，可以看出我们的祖先喜欢把多种象征着美好的实物组合在一起，如"龙凤呈祥""福寿三多""富贵吉祥"等图案纹饰。在组合的过程中时刻遵循着和谐的理念，在这个过程中，睿智的中国人以丰富的想象力与联想力，先将抽象的概念与具体的实物相联系，再将这种实物美化，并与其他吉祥物组合在一起，最后的效果，就是让人们在画面中读出那一抽象的概念。

常用的表现手法有谐音法、变形法、借喻法等（图6-1-1～图6-1-4）。

（1）谐音法：很多事物的谐音或者是同音代表了美好的寓意，借此将这些同音的事物图样运用在一起来表达人们的美好寓意。如一个顽童手拿着橘子骑坐在一只大象身上，代表的是吉祥如意。诸如此类的还有年年有余（鲶鱼和鲤鱼）、夫荣妻贵（芙蓉桂花）等。

（2）变形法：将现有具体的事物文字形状通过简化或者变形等方法后，再加之借喻一些动植物的形态综合协调运用创造出美观的具有美好寓意的吉祥图案。例如，五福捧寿：用蝙蝠谐音"福"，将"寿"字变形，然后用5只蝙蝠加上寿桃组成。

（3）借喻法：通常是借用一些事物的特殊属性或者是民间传说所代表的意义来表达吉祥的寓意。例如，富贵白头，选用象征富贵的牡丹和白头翁构成吉祥图案画面，用花和鸟和睦相处来比喻夫妻和睦长久。

图 6-1-1　官上加官　图 6-1-2　喜从天降　图 6-1-3　平安如意　图 6-1-4　福寿三多

三、吉祥图案与时尚融合

在选用具有民族特色的传统吉祥图案的同时，要赋予它们新的时代感，要注意吸收先进的设计理念和科学技术，紧跟时代潮流，推陈出新，给人一种全新的感受（图 6-1-5）。

（a）　　　　（b）　　　　（c）　　　　（d）

图 6-1-5　吉祥图案的现代服饰应用

1．吉祥图案的选择契合时尚

每种吉祥图案不仅具有相应的历史环境与时代背景，而且具有独特的寓意与内涵，除熟悉广为流传的饱含深意的吉祥图案外，时尚服装还应该搜集与挖掘不太常见的吉祥图案。

2. 吉祥图案与服装款式贴合时尚

时尚服装的款式是时尚服装的特定空间形式，不同款式的时尚服装对应着不同的时尚服装特点。吉祥图案的选择应该与时尚服装的款式相对应，方能收到应有的效果。

3. 吉祥图案与服装结构统一时尚

时尚服装设计应该做到传统吉祥图案与时尚服装整体风格的统一协调，粗犷风格的时尚服装应该选择豪放的吉祥图案纹样，花卉类吉祥图案显然是不适合的；而细致优雅的时尚女装，如果运用龙纹类吉祥图案则会给人以不伦不类之感。运用吉祥图案应该首先把握时尚服装的风格，只有这样才能使吉祥图案与时尚服装的风格相统一。

课后拓展

讨论

如何巧妙地将民族吉祥图案元素融入现代服饰设计中，突显时尚的东方韵味？

思考题

1. 中国的传统吉祥图案经过千百年的传承与演变，包含了哪些吉祥寓意？
2. 传统吉祥图案常用的表现手法有哪几类？
3. 简述中国的传统吉祥图案的起源发展。

第二节　以文载质——传统面料的再开发与流行

学习导入

妆花缎、软烟罗、青蝉翼、凤凰火、云雾绡、素罗纱、云绫锦、散花绫，这些美丽而浪漫的名字，是中国古代面料的品类。中国传统的服装面料以其独特的面料质感、纹理、图案及文化内涵为现代服装设计提供了丰富的设计语言。例如，用丝绸制作的女装可体现女性的柔美、温婉；用传统棉布、蓝印花布可表现服装的古典、质朴。只有将这些传统面料所蕴含的民族气息直接嫁接到设计作品中，突出设计作品的民族特色，才能使设计作品更具民族风情。

一、传统面料的发展历程

原始社会旧石器时代晚期，人类已能利用兽皮一类自然材料缝制简单的衣服。

随着纺织技术的发明，人类最早的"织物"是用麻纤维和草制成的。商代，衣服材料主要是皮、革、丝、麻。周代的人们开始用自然发酵的方法对苎麻进行加工。春秋战国时期，织绣工艺的巨大进步使服饰材料日益精细，品种名目日见繁多。丝织品的种类也发展到绡、纱、纺、縠、缟、纨、罗、绮、锦等十几种，随着纺织工艺的传播，多样、精美的衣着服饰脱颖而出。秦汉时期的衣服面料较春秋战国时期更为丰富。

宋代的纺织业重心南移至江浙地区，丝织品中尤以花罗和绮绫为最多。宋黄升墓出土的各种织物，其罗纹组织结构有两经绞、三经绞、四经绞的素罗，不仅有起平纹、浮纹、斜纹、变化斜纹等组织的各种花卉纹花罗，还有粗细纬相间隔的落花流水提花罗等。绮绫的花纹则以牡丹、芍药、月季、芙蓉、菊花等为主体纹饰。宋代的缂丝以朱克柔的《莲塘乳鸭图》最为精美，是闻名中外的传世珍品。与此同时，棉织品也得到迅速发展，取代麻织品而成为大众衣料，松江棉布被誉为"衣被天下"。

在元明清时期，"锦"作为丝绸面料之一，将蚕丝优秀性能和艺术结合起来，不仅是高贵的衣料，而且是艺术品，大大提高了丝绸的文化内涵和历史价值，影响深远。元代纺织品以织金锦最负盛名。明清纺织品则以江南三织造（江宁、苏州、杭州）生产的贡品技艺最高，其中各种花纹图案的妆花纱、妆花罗、妆花锦、妆花缎等富有特色。富于民族传统特色的蜀锦、宋锦、织金锦和妆花（云锦）锦合称为"四大名锦"。

二、常用的传统面料

1．夏布

古人利用"葛、纻"等草木纤维制成粗细不同的麻类面料，苎麻是一种天然的纺织纤维，通过脱胶、漂白、经纱、刷浆、上机、织造等二十多道工序手工精心织就成苎麻布。苎麻具有清汗离体、透气散热、抗菌的功能，因此，古时苎麻布常用于夏季衣着，凉爽适人，俗称"夏布"（图6-2-1）。夏商周以来用于制作丧服、深衣、朝服、冠冕、巾帽，被誉为"纺织品活化石"。

2．云锦

云锦又称为"妆花"，在宋代，因其色泽光丽灿烂，状如天上云彩，故而得名，南京生产的云锦集历代织锦技术之大成，被列为中国四大名锦之首（图6-2-2、图6-2-3）。元、明、清三朝均为皇家御用品贡品，主要用于制作皇帝的龙袍，如万历皇帝的"孔雀羽织金妆花柿蒂过肩龙直袖膝栏四合如意云纹纱袍"。

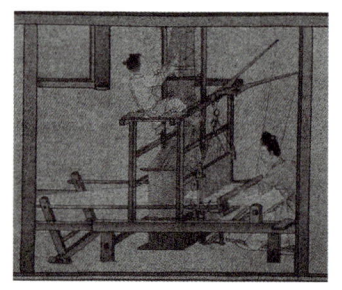

图6-2-1　夏布　　　　　图6-2-2　织锦技术　　　　　图6-2-3　云锦

3. 蜀锦

蜀锦（图6-2-4）生产于四川成都、南充等地，是一种提花丝织品。其兴起于战国时期，有两千多年的历史。蜀锦大多以经线彩色起彩，彩条添花，经纬起花，先彩条后锦群，方形、条形、几何骨架添花，对称纹样，四方连续，色调鲜艳，对比性强，是一种具有汉民族特色和地方风格的多彩织锦。

4. 香云纱

香云纱（图6-2-5）又称为"莨纱"，是岭南地区的一种古老的手工织造和染整制作的植物染色面料，因利用薯莨液凝胶涂于绸面经后加工而成产品，故名莨纱。香云纱制作工艺独特，数量稀少，制作时间长，要求的技艺精湛。香云纱穿着滑爽、凉快、除菌、驱虫、对皮肤具有保健作用，因穿着后涂层慢慢脱落露出褐黄色的底色，过去被形象地称为"软黄金"。

5. 蓝印花布

蓝印花布（图6-2-6）又称为靛蓝花布，俗称药斑布、浇花布等。蓝印花布用石灰、豆粉合成灰浆烤蓝，采用全棉、全手工纺织、刻版、刮浆等多道印染工艺制成。

图6-2-4 蜀锦 　　　　图6-2-5 香云纱 　　　　图6-2-6 蓝印花布

三、传统面料的再开发

随着世界经济的一体化，各种文化之间的相互撞击、相互融合已成为必然。将中国特色的丝绸、绫罗、锦、麻和蓝印花布等面料进行再开发，体现传统面料的再造之美，对于更好地继承和发扬我国传统服饰文化，具有非常重要的作用。

近年来，很多国际服装设计大师使用丝绸面料进行设计，使丝绸的魅力在国际上大放异彩。如运用织锦缎、绫缎图案层次性强、色彩浓厚、冲击力强的特点，制作出装饰效果强烈的现代服饰形式。一些设计师运用民间土棉布或现代棉布展示古典朴素美，以朴素的棉、麻为主要设计材料加入细节创新设计，造就了一批既充满时尚感又独具民族特色的时装品牌。

课后拓展

讨论

如何将中国特色的丝绸、绫罗、锦、麻和蓝印花布等面料进行再开发，体现传统面料的再造之美？

思考题

1. 常用的中国传统面料有哪些？
2. 简述宋代的面料特点。

第三节　贯通古今——古代色彩在现代服装中的借鉴与应用

学习导入

中国古代色彩作为一种无声的语言是我国历朝历代尊卑等级的重要标志。虽然各朝代之间色彩代表的意义不尽相同，但在用色"合礼"这一点上历朝历代无一例外。古代色彩观是传统文化传承和发展的重要部分，被广泛运用于社会生活中的各个方面。因此，深入研究我国古代色彩，将会改变或引领现代服装设计领域的潮流。相信在不远的将来，古代色彩将在现代服装设计中发挥更大的作用，这不仅是对中国古代色彩的传承和发展，更是对世界色彩领域和服装设计领域的发展和创新。

一、中国古代的色彩观

在中国遥远的古代，人们有了这样一种普遍的认识，即在天地万物之间，都存在一种神秘的联系，人们在经验的基础上把这种联系分别概括为阴阳、五行，由于阴阳与五行的联系，使宇宙成为一个和谐而统一的整体，人类就生活在这样的世界中。这种思想影响着人们的方方面面，当然，这种思想对古代的色彩观也产生了重大的影响。

《尚书·洪范》里认为宇宙万物都是由金、木、水、火、土五种基本物质的变化所构成，被称为"五行"。"五行"与"五色"相搭配，色彩的本原之色是"五色"，是一切色彩的基本元素。宇宙万物是"五行"结合而成，万物之色是由"五色"结合而成（图6-3-1）。

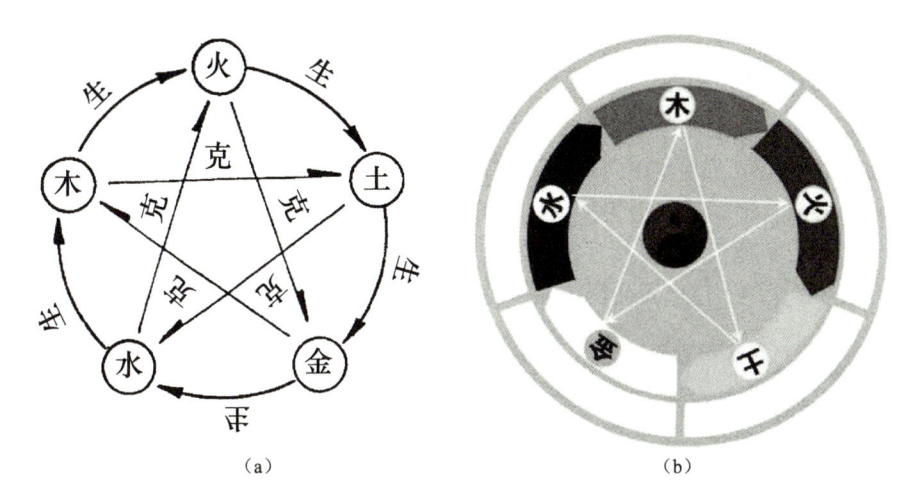

图 6-3-1　五行与五色

将五色与五行联系起来，以五行对五色，即木为青、火为赤、土为黄、金为白、水为黑。以五行配五色，于是五色就成了五行的表征。阴阳学家们还提出五行相生相克的观点，青、赤、黄、白、黑为正色，绿、红、碧、紫、骝黄为间色。相生的事物为正色，相克的事物为间色。这一理论正是色彩产生尊卑、贵贱、高下等象征意义的一个重要根源，对古代的服饰色彩也产生了重大的影响。

二、历代服饰色彩

中国古代的帝王都会根据五行与五色的色彩观念，为自己的王朝找到一种可以战胜前一朝代的所谓的"德行"，于是，其服饰色彩便会随之改变。

黄帝：《史记·历书》称黄帝考定星历，建立五行，起消息。

夏：禹以木德王，服色为青色。

商：汤以金德王，服色为白色。

周：武王以火德王，服色为赤色，因而周代天子冕服称"玄衣纁裳"。

秦：秦始皇是中国历史上第一位受五行思想影响并用这一思想进行制度设计和执政的帝王。秦始皇初定天下，推算金、木、水、火、土五德终始循环相生相克的原理，认为周朝得到火德，秦代替周的火德而兴盛，就必须推崇周德所不能胜过的水德，而与水德相应的颜色是黑色，于是衣服的颜色便崇尚黑色。

汉：按照五德终始说，汉代秦而立，土克水，汉应该是土德了，但刘邦说，五帝中的四帝都兴盛过了，只有黑帝等待我来建立，所以便依旧袭用了黑色。到汉武帝时代，汉王朝才承认自己为土德，服色改为黄色。

魏晋南北朝：三国时期，刘备因为自认为是汉朝的正统，所以服色是赤色；而吴之孙权也认为自己是正统，认为自己是赤色，最后为了替汉报仇，运用五行相克的理论，即木克土，所以后来用的青色；而曹丕认为自己是和平禅让，利用五行相生的理论，以土德王，服色为黄色。按照五行相生的理论，晋为金德，服色为白色。

隋、唐、五代、宋：按照五德相克的理论，隋取代北周，而北周为木德，服色尚青，因此隋朝为火德，服色为赤。按照五行相生的理论，唐为土德，服色为黄色。真正将黄色作为帝后服色是从隋唐开始的，隋文帝时百官穿黄袍，施行"品色衣"服饰的色调，贵贱、尊卑、品级、职位高低的标志更明显了。唐承隋制，唐明皇天宝年间，韦韬上奏，要求御案、御床、御褥全部改紫色为黄色，臣下一概不得用黄色，从此黄色便成了皇帝的御用色。按照五行相生理论，宋受禅于周，周为木德，木生火，所以宋为火德，服色为赤色；宋南迁后依然是火德，服色照旧。图6-3-2为宋画中呈现的红色服装色彩。

图6-3-2 宋画中呈现的红色服装色彩

元、明、清三朝对五行思想基本不感兴趣，所以，元朝就没有统一的服饰色彩。明太祖洪武元年，朱元璋鉴于局势尚未安定，指示礼服不可过繁。因此，明代公服一品至五品服紫，六、七品服绯。按照五行思想，清朝为水德，但这并没有得到清朝帝王的认可。民国应为木德，服色为青色，但1911年民国建立，变革清代的礼仪制度，剪发易服。自此，五行思想在官方基本上已经寿终正寝了。

三、古代色彩在服装设计中的借鉴与应用

古代色彩的"五色"观被直接运用于现代服装设计中，能够体现出传统色彩和传统文化的特点。例如，2008年中国奥运会申奥标志（图6-3-3），采用民间"五色观"红、黑、青（蓝、绿）、黄配以白色做底色，以中国传统太极图的形式表现出来，富有浓郁的中国特色，又与奥运五环相一致，视觉冲击力强，既蕴含着民族传统文化的神韵，又具备了强烈的现代美感，将传统精神和现代意识融为一体，是五行色彩与现代设计结合的典范。

图6-3-3 2008年中国奥运会申奥标志

总而言之，对于传统色彩在现代服装设计中的应用研究，不能仅停留在对其理论上的研究，还要通过在实际应用中所产生的其他效应进行研究。在研究其应用时，必须突

破传统思维模式，找到色彩与现代服装潮流的结合点，大胆创新使中国传统色彩保持其本质特征，能够独立应用于世界色彩中，创造出更具中国服装特色及价值的作品

课后拓展

讨论

如何提升中国传统色彩的搭配组合，突显中国服装特色和中国传统文化特色？

思考题

1. 简述中国五色与五行的观念。
2. 秦始皇时期是如何运用五行思想进行服饰色彩设计的？

第四节 人机合一——人工智能技术下未来服装的发展

学习导入

机器主导服装设计的时代已经到来，让人和机器成为最佳的合伙人，使人的行为与科技紧密融合已经成为发展潮流。随着人们对未来不断创新探索，人工智能的时装设计也会表现出无穷的创意能量。人工智能对产品设计带来了革命性的影响，正是从单个人的思维表现为多元的智能化创新的功能链整合，其设计将会更加成熟，应用越来越丰富和开放，互相直接提供即时、准确和多样的服饰时尚。智能设计从替代人类手工延伸到了大脑和心灵，利用各种数据让时尚设计更精准的服务消费者，使时尚业的数据和分析拥有更多可见性，随之呈现无限的可能性，使服装人工智能设计在时尚界更加绚丽多彩。

一、人工智能的基本状态

人工智能（Artificial Intelligence，AI），它是用于模拟、延伸和扩展人的智能的理论、

方法、技术及应用系统的一门新的技术科学。人工智能不是真的人的智能，但是能像人那样去思考、是有可能超过人的智能。并且人工智能可以对人的意识、思维的信息过程进行模拟。总而言之，AI是与人类思维方式、行为相似的、会学习的、计算机程序。

由美国技术巨头IBM推出的人工智能系统IBM Watson已经在时尚设计中得到广泛应用。2016年英国设计师品牌Marchesa应用IBM Watson技术为捷克超模Karolina Kurkova设计了一款人工智能礼服亮相Met Gala，惊艳了整个时尚界。同年，中国女星李宇春在出席 *Vogue* 十一周年庆典活动穿着的白色礼服是由中国设计师张卉山设计的人工智能礼服，同样应用了IBM Watson的时尚大数据资源。相信随着服装智能技术的不断进步，越来越多的智能软件与自动化服装设备的应用，将解决机器自主设计的难题。新软件、新技术、新服装设备的革新，将为服装行业大发展提供强大的技术保障，并不断协助企业生产效率高效化（图6-4-1）。

图6-4-1　人工智能将协助企业生产效率高效化

二、人工智能下的服装设计模式的改变

1．智能辅助设计

智能辅助设计目前已经得到了大众的认可，在服装定制过程中，客户可以挑选自己喜欢的饰物、颜色及款式等因素，随后在由设计师进行组合设计，完成客户要求，客户也可以对相应的饰品、款式或是色彩进行综合或是局部调整。

2．智能3D打印

在3D打印中，智能复制设计的应用次数最多，同时服装设计打印在服装市场中也占据着较大的优势，大部分3D打印材料的应用及CAD程序的推广，也让服装设计过程更加便捷。目前，在赛场或是时装表演中经常能够看到3D打印的身影。

3．智能虚拟搭配

智能搭配设计预计是能够最快走进大众的一种设计方法，比较适合大部分客户进行应用操作，智能搭配设计中所拥有的虚拟搭配功能也可以让所有的客人找到自己所心悦的服装时尚品牌。尤其是客户通过电商平台中浏览到自己喜欢的服饰后，只需要转移目光或是手指轻点操作，就可以进行简便试穿，随后在根据自己的试穿效果，来判断服装的风格、尺寸及颜色等因素是否符合自己的要求。

4．智能自主设计

智能自主设计主要是将消费者的兴趣喜好及人体数据等信息输入到智能化设计软件

当中，随后让计算机结合消费者喜好进行科学设计，机器结合客户个人信息及时尚趋势，以及消费者的期望进行高雅、唯美或是复古等形式的设计工作。就像是谷歌智能化自行车能够按照客户需要，自主设计出最佳的前进路线一样。智能化的服装设计完全不需要客户操心，就可以为客户提供各种可供选择的设计方案。

综上所述，随着时代的发展，我们已经迎来了人工智能引导服装设计的重要时期，人与机器在不断地配合中已经成为最好的搭档。科技融合已经成为新时期的发展潮流。随着人们对于人工智能研究的不断深入，相信未来服装设计行业也将发生巨大的变化。2019年6月，中国发布"新一代人工智能治理原则"。这是发展中国家第一次提出人工智能相关治理准则，具有非常重要的意义。随着中国在人工智能领域实力的不断增强，类似的规则制定将会越来越受到重视，并进一步造福全人类。

课后拓展

讨论

人工智能下的服装设计模式将发生怎样的巨大改变？

思考题

1. 什么是人工智能？
2. 未来的服装行业，人与机器将各自承担怎样的工作？

参考文献

[1] 华梅. 服饰文化全览[M]. 天津：天津古籍出版社，2007.
[2] 沈从文. 中国古代服饰研究（增订本）[M]. 上海：上海书店出版社，1997.
[3] 沈从文. 沈从文文物与艺术研究文集[M]. 南京：江苏美术出版社，2002.
[4] 华梅. 服饰与中国文化[M]. 北京：人民出版社，2001.
[5] 周汛，高春明. 中国衣冠服饰大辞典[M]. 上海：上海辞书出版社，1996.
[6] 周汛，高春明. 中国古代服饰风俗[M]. 西安：陕西人民出版社，2002.
[7] 周锡保. 中国古代服饰史[M]. 上海：中国戏剧出版社，1984.
[8] 王维堤，衣冠古国：中国服饰文化[M]. 上海：上海古籍出版社，1991.
[9] 戴钦祥. 中国古代服饰[M]. 北京：商务印书馆，1998.
[10] 蔡子谔. 中国服装美学史[M]. 石家庄：河北美术出版社，2001.
[11] 戴平. 中国民族服饰文化研究[M]. 上海：上海人民出版社，1994.
[12] 黄能馥，陈娟娟. 中国服饰史[M]. 上海：上海人民出版社，2014.
[13] 黄士龙. 中国服饰史略[M]. 上海：上海文化出版社，2007.
[14] 蒋玉秋，王艺璇，陈锋. 中国服饰史[M]. 青岛：青岛出版社，2008.
[15] 朱和平. 中国服饰史稿[M]. 郑州：中州古籍出版社，2001.
[16] 王化. 寻找华服[M]. 北京：中国轻工业出版社，2014.
[17] 春梅狐狸. 图解中国传统服饰[M]. 南京：江苏凤凰科学技术出版社，2019.
[18] 孙晨阳，张珂. 中国古代服饰辞典[M]. 北京：中华书局，2015.
[19] 刘永华. 中国古代军戎服饰[M]. 北京：清华大学出版社，2019.
[20] 孙机. 华夏衣冠——中国古代服饰文化[M]. 上海：上海古籍出版社，2016.
[21] 冯盈之. 中国古代服饰时尚100例[M]. 杭州：浙江大学出版社，2016.
[22] 王静渊，庄立新. 明清近代服饰史[M]. 北京：化学工业出版社，2020.
[23] 陈志华，朱华. 中国服饰史[M]. 北京：中国纺织出版社，2008.
[24] 施惟达，段炳昌. 云南民族文化概说[M]. 昆明：云南大学出版社，2004.
[25] 王抗生. 中国传统艺术[M]. 北京：中国轻工业出版社，2000.

［26］孙机. 中国古舆服制论丛［M］. 北京：文物出版社，2001.
［27］徐清泉. 中国服饰艺术论［M］. 太原：山西教育出版社，2001.
［28］吴自牧. 梦粱录［M］. 杭州：浙江人民出版社，1981.
［29］孟元老. 东京梦华录［M］. 北京：中国画报出版社，2016.
［30］华梅. 中国服装史［M］. 北京：中国纺织出版社，2007.
［31］赵连赏. 中国古代服饰图典［M］. 昆明：云南人民出版社，2007.
［32］马大勇. 华服美蕴［M］. 北京：文物出版社，2009.
［33］彭浩. 楚人的纺织与服饰［M］. 武汉：湖北教育出版社，1996.
［34］林路瑶，刘文. 民国旗袍元素在现代服饰中的活化实践研究［J］. 山东纺织经济，2018（10）.
［35］张晓瑾. 清末到民国的服饰改革与社会心理的变化［J］. 艺术百家，2012（7）.
［36］李冬雪. 苗族百褶裙工艺研究与应用［J］. 山东纺织经济，2015（1）.
［37］李桂英. 浅析彝族图腾崇拜的历史文化内涵［J］. 赤子，2019（4）.
［38］王圣君. 浅析纳西族服饰之七星披肩［J］. 文艺生活，2011（11）.
［39］雀宁. 中国少数民族服饰的美学研究：现状、问题与出路［J］. 贵州社会科学，2017（11）.
［40］侯婕琦. 中国民族服装服饰的国际化探索［D］. 天津：天津科技大学，2011（3）.
［41］徐红梅. 民族服饰文化传承中的图像记录研究［D］. 重庆：西南大学，2011（4）.
［42］黄强苓. 中国传统吉祥图案探源［J］. 西南民族大学学报，2003（9）.
［43］徐仂. 中国传统色彩在现代服装设计中的应用研究［C］. 传统色彩与现代应用——海峡两岸传统色彩与现代应用学术研讨会论文集. 2010.
［44］陈莹. 论中国传统色彩在现代服装设计中的创新应用［C］. 传统色彩与现代应用——海峡两岸传统色彩与现代应用学术研讨会论文集. 2010.
［45］张繁荣. 中华传统服装色彩文化探索［J］. 流行色，2006（8）.
［46］邢琳. "天人合一"思想在明代冕服中的美学表现［J］. 齐鲁工业大学，2016（7）.
［47］俞家荣. 从复制明缂丝衮服看服饰文化［J］. 苏州刺绣研究所，浙江丝绸工学院学报，1993（10）.
［48］李岩. 论周代的冕服制度［D］. 吉林：长白山大学，2016（3）.
［49］杨英. 先秦帝王冕冠设计的文化性及艺术性研究［D］. 湖南工业大学，2005（6）.
［50］齐志家. 从冕服的发生看古代服饰理想［J］. 武汉科技学院学报，2001（4）.
［51］刘乐乐. 从"深衣"到"深衣制"——礼仪观的革变［J］. 文化遗产，2014（5）.
［52］鲍怀敏. 儒服深衣的形制变化与款式特征研究［J］. 管子学刊，2012（2）.
［53］范君，杨勇. 浅论深衣及其文化蕴涵［J］. 黑龙江纺织，2010（3）.
［54］袁建平. 中国古代服饰中的深衣研究［J］. 求索，2000（2）.
［55］姜欣. 试论深衣及其演变过程［J］. 吉林工商学院学报，2012（3）.

[56] 万棣. 关于"深衣"之探索[J]. 天津工业大学学报, 2003（6）.

[57] 徐小兵, 温建娇. 《韩熙载夜宴图》中的衣冠服饰考[J]. 艺术探索, 2009（4）.

[58] 张蓓蓓. 女服褙子形制源流辨析——从唐宋之际"尚道"之风及女冠服饰谈起[J]. 美术探究, 2012（4）.

[59] 包铭新, 曹喆, 崔圭顺. 背子、旋袄与貉袖等宋代服式名称辨[J]. 装饰, 2004（12）.

[60] 马德东. 论混搭服装风格的艺术表现价值[J]. 轻纺工业与技术, 2014（2）.

[61] 钱琳. 服装可持续设计的发展模式研究[J]. 大众文艺, 2014（6）.